NOTICE

SUR LA FABRICATION

DES

EAUX MINÉRALES

ARTIFICIELLES.

IMPRIMERIE DE BOURGOGNE ET MARTINET, RUE JACOB, 30.

NOTICE

SUR LA FABRICATION

DES

EAUX MINÉRALES

ARTIFICIELLES,

PAR

E. SOUBEIRAN,

Directeur de la Pharmacie centrale des hôpitaux et hospices civils de Paris,
professeur à l'École spéciale de pharmacie,
membre de l'Académie royale de médecine, etc., etc.

TROISIÈME ÉDITION.

PARIS,

FORTIN, MASSON ET C\u1d35\u1d31, LIBRAIRES,

PLACE DE L'ÉCOLE-DE-MÉDECINE, 1.

1843.

NOTICE

SUR LA FABRICATION

DES

EAUX MINÉRALES.

———

Les sources qui sortent du sein de la terre sont quelquefois chargées de matières qui, par leur abondance ou leur nature particulière, communiquent à l'eau des propriétés qui la rendent impropre à quelques uns de ses usages économiques habituels; mais elle a acquis en même temps la faculté de produire certains effets qui la font rechercher pour la matière médicale. On donne aux eaux de ces sources le nom d'eaux minérales ou médicinales : elles sont caractérisées par la nature et la proportion des matières qu'elles tiennent en dissolution ; le même nom s'applique cependant encore à des sources qui ne se distinguent guère que par leur température élevée.

Le fabricant d'eaux minérales se propose de produire artificiellement des liquides qui représentent les eaux des sources naturelles. Il doit puiser les éléments de ce travail dans les observations qui ont été faites sur les eaux minérales que l'on trouve dans la nature. Il ne peut espérer une reproduction fidèle

de ces eaux, s'il n'a sans cesse devant les yeux les
modèles que la nature lui présente, et dont l'imitation parfaite est le but vers lequel doivent tendre
tous ses efforts. C'est sur cette nécessité qu'est basé
le plan suivi dans cette notice. Après avoir établi
quelques considérations géologiques sur les eaux
minérales, j'examinerai la nature des matières qui
les constituent, et les moyens généraux de les reconnaître ; j'établirai une classification basée sur cette
composition ; et enfin j'aborderai la description des
procédés à l'aide desquels on fabrique les eaux minérales artificielles.

§ I. Considérations géologiques sur les eaux minérales naturelles.

Les eaux minérales sont souvent, en apparence,
semblables à l'eau ordinaire ; quelques unes sont co-
lorées par du fer, du cuivre ou des matières organiques ; leur saveur est très variable et souvent caractéristique : les sources ferrugineuses ont une saveur
d'encre ; celles qui contiennent de l'acide carbonique
libre sont piquantes au goût ; les eaux chargées d'hydrogène sulfuré ou de sulfure alcalin ont une odeur
et une saveur d'œufs pourris ; l'abondance du carbonate de soude leur donne une saveur alcaline ; les
sels de magnésie communiquent aux eaux une saveur
amère.

Les eaux minérales sont souvent limpides; un assez grand nombre d'entre elles se troublent quelque temps après leur sortie du sol, par suite de décompositions que nous étudierons plus tard. Quelquefois ces décompositions ont pu se produire avant le moment où la source s'est présentée visiblement au contact de l'air; quelquefois aussi ce sont des matières argileuses, ou des matières glaireuses que les eaux tiennent en suspension, qui détruisent leur transparence.

Les principes que les eaux tiennent en dissolution sont des gaz; le plus souvent l'oxygène, l'azote, l'acide carbonique, l'hydrogène sulfuré; des acides, les acides sulfurique, sulfureux, borique, hydrochlorique; des sels, parmi lesquels les plus ordinaires sont les sels à base de soude, de chaux, de magnésie, et dont les acides les plus habituels sont les acides sulfurique, carbonique et hydrochlorique. Les eaux contiennent aussi des sulfures en dissolution : ce sont toujours les sulfures alcalins, qui seuls sont solubles. Enfin on rencontre dans les eaux minérales des matières de nature organique de propriétés fort variables. Les eaux tirent leurs principaux caractères des matières qu'elles tiennent en dissolution, et c'est là toujours que l'on a cherché la base de leur classification : mais les distinctions que l'on a établies ont toujours été vagues et indécises, parce que plusieurs matières sont réunies dans une même eau, et que souvent celle-ci a des caractères mixtes qui

pourraient la faire placer indifféremment dans plusieurs classes.

Les matières que les eaux tiennent en dissolution
ont, de toute évidence, été rencontrées par elles dans
le trajet souterrain qu'elles parcourent. Les eaux en
sont le plus ordinairement peu chargées, soit que la
rapidité du courant ne leur ait pas laissé le temps
d'en dissoudre une forte proportion, soit que ces matières soient enveloppées, empâtées, dans des roches
compactes qui ne les cèdent que pied à pied. Plus
probablement encore, des matières solubles ne se
forment que peu à peu par des circonstances qui
restent constantes quelquefois pendant une longue
série de siècles. Les volcans sont l'une des causes
de la production des principes que l'on rencontre
dans les eaux minérales; les acides carbonique, hydrochlorique, sulfurique en sont les produits habituels. L'action dissolvante de l'eau sur les roches peu
solubles, les phénomènes de décomposition qu'elle
peut déterminer, les réactions chimiques qui résultent nécessairement des forces électro-motrices qui
sont sans cesse en activité dans la nature; tous ces effets concourent d'une manière efficace à fournir aux
eaux minérales les divers principes que nous y ren-
controns. L'eau qui traverse des couches de sel marin
ou de roches salifères en entraîne en dissolution;
celle qui décompose les granits se charge de la silice et de la potasse; celle qui suinte au travers des
roches chargées de pyrites en sort contenant du sul-

fate de fer ; et si la roche est en même temps alumineuse ou magnésienne, il se produit du sulfate d'alumine et du sulfate de magnésie. Une eau chargée de bicarbonate de soude qui traverse un banc de gypse, y laisse un dépôt de carbonate de chaux et sort chargée de sulfate de soude.

En général, nos connaissances sur l'origine des principes constituants des eaux minérales sont peu avancées. Dans ces derniers temps, en appelant l'attention sur les phénomènes de combinaison et de décomposition qui résultent nécessairement des actions électro-motrices qui se produisent sans cesse dans la nature, M. Becquerel a fait faire un grand pas à cette partie de l'histoire des sources minérales, par la direction nouvelle qu'il a imprimée aux recherches de ce genre. Parmi les eaux sulfureuses, il en est quelques unes qui doivent leur formation à la décomposition des sulfates et à leur transformation en sulfures, par des matières organiques. M. Henry nous a signalé ce genre d'altération pour les eaux de Billazai, de Passy, de Dinan. L'eau sulfureuse d'Enghien paraît ne pas avoir une autre origine, suivant M. Brongniart : elle prend naissance dans le bassin de craie, au niveau des couches de sulfate de chaux, qui sont traversées et probablement décomposées par les eaux de l'étang d'Enghien.

La quantité des matières salines qui sont apportées par les eaux, des entrailles de la terre à sa surface, est souvent fort considérable. D'après M. Berzélius, l'eau de Carlsbad fournit chaque année 746,884 quintaux de carbonate de soude, et 1,132,023 de sulfate de la même base.

Il sort des eaux minérales de tous les terrains; mais jusqu'à présent l'histoire des eaux minérales a été peu éclairée par les observations relatives à leur gisement. Il en est un grand nombre pour lesquelles nous manquons de renseignements, et il est possible que beaucoup d'entre elles viennent d'un point plus éloigné que la limite du terrain où elles ont leur sortie. Souvent les matières qu'elles contiennent n'ont aucun rapport avec le terrain où on les voit sourdre; quelquefois les rapports sont évidents. On les remarque surtout dans les eaux minérales des terrains de sédiments supérieurs qui contiennent les sels terreux et métalliques.

M. Brongniart a présenté un projet de classification des eaux d'après la nature des terrains qui les fournissent; et bien que ce travail laisse encore à désirer à cause de l'impossibilité où l'on est de remonter à la véritable origine des eaux, il a cependant, tel qu'il est, un degré d'utilité évident : nous le rapporterons d'autant plus volontiers qu'il appellera sur ce sujet l'attention des personnes qui sont à même de visiter les eaux minérales.

1° *Eaux minérales des terrains primitifs.*—Elles sont généralement thermales : elles contiennent de l'acide carbonique, souvent de l'hydrogène sulfuré, et des sulfures alcalins. On y trouve des sels de soude, et surtout du carbonate. On y rencontre la silice : il y a peu de sels à base de chaux, sauf quelquefois du carbonate; le fer y est rare ou peu abondant.

A cette série appartiennent, suivant M. Brongniart, les eaux des Pyrénées, de Carlsbad, de Chaudes-Aigues, de Wals, de Wilbaden, de Reichen, etc.

2° *Eaux minérales des terrains de sédiments inférieurs*. — Elles participent des propriétés des précédents; mais les nouvelles couches de terrains qu'elles ont traversées ont modifié et leur température et leur composition. On y trouve l'acide carbonique, peu d'hydrogène sulfuré. Les sels de soude y abondent, mais rarement le carbonate; presque toujours il y a du sulfate de chaux; la silice y est peu abondante. Aux terrains de sédiments inférieurs appartiennent, suivant M. Brongniart, les eaux de Bagnères de Bigorre, de Luxeuil, de Plombières, de Pyrmont, d'Aix en Savoie, etc. Aux terrains de sédiments moyens il faut rapporter les eaux de Balaruc, de Pougues, de Saint-Amand, de Baden en Suisse, etc.

3° *Eaux minérales des terrains de sédiments supérieurs*.—Généralement ces eaux sont froides; l'acide carbonique n'y existe pas, ou il y est en petite quantité; les sels qui dominent sont le carbonate de chaux, le sulfate de chaux, celui de magnésie, le sulfate et le carbonate de fer. Telles sont les eaux de Provins, de Forges, de Brighton, d'Epsom, d'Enghien, etc.

4° *Eaux minérales des terrains de transition*. —Elles participent des propriétés des eaux des terrains primitifs et de celles des terrains de sédiment. On y rencontre l'acide carbonique, l'hydrogène sulfuré et les sels qui appartiennent aux deux séries de ces terrains.

A cette classe appartiennent les eaux de Cambo, d'Aix-la-Chapelle, de Vichy, de Néris, de Bourbon-l'Archambault, de Bath, de Spa, etc.

5° *Eaux minérales des terrains de trachites anciens, et des terrains volcaniques modernes.* — Ces eaux ont beaucoup de ressemblance avec celles des terrains primitifs. On y trouve de l'acide carbonique en abondance, quelquefois l'hydrogène sulfuré, le carbonate de soude en abondance, un peu de sulfate et de muriate, de la silice, du carbonate de chaux. Le sulfate de chaux n'y existe plus, ou s'y trouve en petite quantité. On y rencontre peu de sels de fer.

Les principales eaux des terrains trachiques sont celles de Dax, du Mont-Dore, de Saint-Allyre, de Vic-le-Comte, de Castel-Guyon.

Dans les terrains volcaniques modernes se trouvent les eaux de Rome et du royaume de Naples, de l'île d'Ischia, de l'Islande, de Java, etc.

Dans un même canton, les différentes sources d'eaux minérales ont une composition analogue : ainsi dans tout le Puy-de-Dôme, les sources sont ferrugineuses et chargées d'acide carbonique. Il en est de même dans la Loire-Inférieure. Aux Pyrénées, la plupart des sources sont chargées de sulfure alcalin. Dans le pays de Rome et de Naples, elles sont chargées

en même temps d'acide carbonique et d'hydrogène sulfuré. Cependant, dans une même localité,
on observe de grandes différences dans la nature
des sources, soit qu'elles n'aient pas une même
origine, ou que quelques unes d'entre elles aient
éprouvé des changements par suite de réactions chimiques, ou qu'elles se soient mêlées dans leur cours
avec d'autres eaux.

C'est à cette cause qu'il faut rapporter le plus ordinairement les différences d'activité des diverses sources d'une même localité ; mais dans d'autres cas, la
différence d'origine n'est pas douteuse. Ainsi à Bagnères de Bigorre, la source Pinac est seule chargée
d'hydrogène sulfuré; mais elle sort dans la limite
des terrains primordiaux et secondaires. A Luxeuil,
une source est thermale et presque pure; à côté sont
des sources chargées d'acide carbonique et de fer.
L'eau de Castel-Novo d'Asti est sulfureuse et iodurée;
mais à quelque distance se trouvent des eaux sulfureuses thermales analogues à celles des Pyrénées,
qui ne sont pas iodurées, puis d'autres sources iodurées qui ne sont pas sulfureuses. Nul doute que les
eaux de Castel-Novo n'appartiennent aux sources
sulfureuses primitives, et qu'elles ne se soient chargées d'iode en traversant des terrains récents. Nous
pourrions multiplier singulièrement les exemples de
ce genre.

Souvent les eaux, au moment de leur sortie, laissent dégager une abondante quantité de substances

gazeuses. Ces gaz ont été entraînés avec l'eau dans des conduits souterrains ; souvent ils y ont été dissous par la forte pression à laquelle ils étaient soumis ; mais aussitôt que cette forte pression cesse d'avoir lieu, les gaz obéissent à leur expansibilité et se dégagent. Les sources où se montrent ces dégagements de gaz sont extrêmement nombreuses. Il appartient à toutes celles qui contiennent de l'acide carbonique ; mais le dégagement a lieu aussi par une émission d'air atmosphérique, d'azote ou de toute autre substance gazeuse. Tantôt ces gaz sortent avec l'eau sous forme de courants, comme on l'a observé dans le Tenessée ; plus souvent le liquide paraît être soumis à un mouvement d'ébullition par les gaz qui le traversent continuellement pour se rendre dans l'atmosphère. Ce dégagement de gaz est quelquefois soumis à des intermittences ; on en observe un exemple bien remarquable à la fontaine du Tambour, sur les bords de l'Allier : les gaz en sortent à des moments très rapprochés sous la forme de grosses bulles, qui produisent en s'échappant un bruit auquel la fontaine a dû le nom qu'elle porte.

Cette intermittence se remarque aussi dans quelques fontaines ; mais elle est extrêmement variable, même pour chacune d'elles : elle n'est, dans certaines fontaines, que de quelques minutes ; chez d'autres elle dure des heures, des jours, des années entières. Les exemples les plus célèbres de sources intermittentes sont les suivants : les sources du Geyser, dans la vallée de Rekum en Islande, sortent au nombre de plus de cent dans une circonférence de deux milles. De temps à autre, il se fait un jet d'eau bouillante qui s'élève quelquefois à plus de 40 mètres, et qui souvent entraîne avec lui des pierres très grosses. La durée de chaque éruption, l'intervalle entre chacune d'elles, sont extrêmement variables : il est rare que l'éruption dure plus de 10 minutes; l'intermittence varie de quelques minutes à une demi-heure. L'eau a une température de 80 à 100 degrés, et elle forme un dépôt abondant de silice sous la forme d'incrustations en choux-fleurs. Sur les bords du Gardon, se trouvent deux sources intermittentes; l'une (source du Boulidou) s'élève à chaque fois à plus de 0,2 mètre; et ce phénomène se renouvelle 30 à 40 fois dans les 24 heures; l'autre (source de Madame) coule pendant 25 à 40 minutes, tarit tout-à-fait, et recommence à couler après un intervalle de 10 à 15 minutes. A Colmars en Provence, l'eau de la fontaine baisse et hausse alternativement huit fois en une heure. A Boulaigne, dans les monts Coyrons, il y a une source qui reste quelquefois plus de vingt ans sans couler; puis l'eau en sort pendant un mois, quelques mois, un an, mais encore avec des intermittences remarquables.

On peut concevoir cette intermittence des sources par des accidents de terrain qui les rapprochent de la construction de la fontaine intermittente de nos cabinets; mais elle s'explique d'une manière plus

vraie par l'accumulation de gaz dans des cavités qui
se remplissent d'eau, et d'où elle est refoulée quand
les gaz, par leur compression ou par l'augmentation
de leur masse, ont acquis une force élastique suffisante. Dans quelques sources non intermittentes,
l'arrivée de l'eau à la surface de la terre ne paraît
pas avoir d'autres causes; ainsi, à Carlsbad, le gaz
carbonique qui se dégage de l'eau s'accumule dans
des cavités; il refoule l'eau dans ses conduits et il sort
avec elle quand il a acquis une assez forte tension.
L'écoulement des eaux de Vichy est attribué par
MM. Berthier et Puvis à la même cause, bien que
les phénomènes du refoulement des liquides n'y
soient pas aussi manifestes.

Les sources minérales présentent une grande différence entre elles sous le rapport de leur température. Il arrive que cette température est plus basse
que celle des sources ordinaires, ou qu'elle est plus
élevée; mais sous ce rapport les sources ne se laissent nullement comparer entre elles. Il en est dont
la chaleur naturelle est à peine supérieure à l'état
thermométrique le plus habituel de l'atmosphère,
alors on les confond avec les sources froides; il en
est qui paraissent tièdes; d'autres qui sont plus chaudes; d'autres qui approchent ou qui même attei-
gnent le point d'ébullition de l'eau. Je signalerai une
source du Cap qui est à 82 degrés; l'eau de Chaudes-Aigues, qui a 88 degrés; celle de Tenchère, près
de Carracas, qui atteint 90 degrés; l'eau du bain

d'Areno, celle de Vic-en-Carladis, qui sort presque bouillantes, et les sources intermittentes du Geyser, dont la température varie de 80 à 100 degrés. Le bain thermal de Kukurli en Bithynie, suivant le duc de Raguse, a 84 degrés.

Plusieurs auteurs ont avancé que la chaleur des eaux thermales était différente de la chaleur ordinaire, qu'elle exerçait une impression plus douce sur nos organes, qu'elle se dissipait bien plus lentement; de telle sorte qu'une eau thermale et de l'eau ordinaire étant prises à la même température, et étant placées dans les mêmes conditions, la première était encore chaude lorsque la seconde était tout-à-fait refroidie. Les expériences modernes faites successivement par MM. Nicolas, Anglada, Longchamps, Gendron et Jacquot, ont prouvé que cette opinion n'est pas fondée, et que rien ne peut faire supposer quelque différence dans la chaleur thermale, ou quelque modification dans la manière d'être du calorique de ces eaux.

La chaleur des eaux thermales peut se rapporter à deux causes bien différentes, savoir, les phénomènes volcaniques et la chaleur centrale du globe.

On ne peut douter que la présence des volcans ne puisse servir à expliquer la thermalité des sources qui les avoisinent. M. Boussingault a fait, entre autres, sur les eaux d'une partie de la chaîne des Cordilières, des observations qui mettent hors de doute la liaison qui existe entre la température et même la

composition de ces eaux et les phénomènes volcaniques. Ainsi il a remarqué que les eaux de Mariara et
de la Trincheras avaient accru leur température de
plusieurs degrés, et qu'avant ce changement Vénézuela avait été ébranlé par le grand tremblement
de terre de 1812 : il a reconnu encore que les gaz
qui se dégagent des eaux thermales qui avoisinent
les volcans sont les mêmes que ceux que l'on retrouve
dans les cratères; ce qui rend fort vraisemblable
que les eaux des Cordilières doivent leur température aux volcans, et que les sels qui s'y trouvent ont
été formés par les volcans et entraînés ensuite par les
eaux. M. Boussingault explique la présence de l'a-
cide carbonique par l'action décomposante de la chaleur sur les carbonates, ou par le déplacement de cet
acide par l'acide hydrochlorique. Il croit que le gaz
hydrosulfurique provient de l'action de la vapeur
aqueuse à une haute température sur le sulfure de
sodium, d'où résulterait du sulfate de soude et de
l'hydrogène sulfuré. Il explique la formation du gaz
hydrochlorique par la décomposition du chlorure de
sodium par la vapeur d'eau en présence des matières siliceuses; et si cet acide ne se retrouve pas toujours dans ces eaux, c'est qu'il a été saturé par les
carbonates qu'il a rencontrés sur son passage.

Il restera encore de toute évidence que parmi les
eaux thermales, il en est un certain nombre qui doivent leur température à des volcans éteints depuis
longtemps : lorsque ceux-ci ont cessé de manifes-

ter tout phénomène d'éruption, ils conservent leur température, parce qu'ils sont formés de masses peu conductrices. Les eaux qui pénètrent dans les cavités de ces terrains y acquièrent une chaleur plus ou moins forte, et viennent sortir chaudes au-dehors ; leur chaleur paraît constante, parce que la quantité de chaleur qu'elles enlèvent à de pareilles masses est inappréciable, et qu'elle peut se reproduire pendant une longue série de siècles sans paraître avoir éprouvé aucun changement.

On attribue la température d'une partie des sources minérales à la chaleur centrale de la terre : c'est une hypothèse qui est en grande faveur parmi les physiciens, et qui s'appuie sur l'élévation de la température qui a été observée à mesure que l'on s'est avancé plus profondément dans l'intérieur de la terre. M. Boussingault a cherché à appuyer cette opinion par quelques observations qu'il a faites dans la chaîne du littoral de Vénézuela. La température des sources y est moins élevée à mesure qu'elles sont placées à une moindre profondeur. La source d'Onalo, à 702 mètres au-dessus du niveau de la mer, est à 44,5 ; celle de Mariana, à 476 mètres, est à 64 ; celle de las Trincheras, presque au niveau de la mer, est à 97. Au reste, l'hypothèse de la chaleur centrale une fois admise, l'explication de la thermalité des eaux minérales est sans difficulté. Que l'eau, dit M. de Laplace, pénètre dans une cavité de 3000 mètres de profondeur, elle y prendra une température de 100 degrés au moins ; elle remontera à la surface, et elle sera remplacée à mesure par l'eau supérieure. Le phénomène sera surtout manifeste quand l'eau échauffée remontera à la surface du sol par des canaux différents ; et cette ascension s'explique aisément par le poids énorme de la colonne d'eau froide qui remplit les canaux que l'eau a suivis pour arriver à cette profondeur.

La température des eaux au point où elles sourdent ne peut nous servir à apprécier la chaleur qu'elles ont puisée au foyer ; car elles ont pu être obligées de traverser des couches épaisses de terrains où elles ont déposé une partie de leur calorique ; en outre, d'autres sources se mêlent dans leur trajet avec quelques courants d'eau froide qui abaisse leur température. C'est par ces deux effets que s'expliquent tout naturellement les variétés et dans la température et dans la proportion des éléments des sources d'une même localité qui ont certainement une origine commune. On en trouve des exemples fréquents.

Il arrive que certaines sources superficielles ont une température élevée par cela seul qu'elles ont suivi la même direction qu'une source thermale : elles ont profité de la chaleur que celle-ci a cédée aux terrains environnants. M. Anglada nous en a fait connaître un exemple frappant : il a suivi dans les Pyrénées plusieurs sources thermales non sulfureuses, et il a reconnu que leur température était toujours plus faible que celle des sources sulfureuses qui suivaient la même direction.

Une circonstance bien remarquable dans l'état des eaux minérales, c'est la constance des phénomènes qu'elles nous présentent depuis un temps fort prolongé : même volume dans la source, même composition, même dégagement de gaz, même température. Ainsi les bains d'Aix en Provence étaient fréquentés dès l'an 121 de notre ère; Plombières était fréquenté par les soldats romains il y a déjà plus de dix-neuf siècles; les dépôts formés à Carlsbad et à Vichy font remonter à un grand nombre de siècles l'existence des eaux de ce pays.

A considérer le phénomène dans son ensemble, on ne peut douter des changements survenus dans la température et la richesse des eaux minérales. On ne peut douter que dans des temps très reculés, les eaux dont la température était très élevée n'aient apporté en dissolution et n'aient déposé à la surface du globe des matières qui forment les dépôts considérables que, dans leur état actuel, elles seraient tout-à-fait incapables de produire. Ainsi, par exemple, l'eau de Vichy forme aujourd'hui des dépôts insignifiants comparés aux masses de travertin qu'elle a produites autrefois, et sur lesquelles la ville de Vichy se trouve construite. Il en est de même d'un grand nombre d'autres sources. Mais à ne considérer le phénomène que dans les circonstances de l'époque actuelle, je crois encore que cette constance a été exagérée : de ce que les phénomènes généraux de certaines sources sont restés les mêmes, on a conclu, sans plus de preuves, qu'ils

avaient subsisté avec la même intensité. La quantité des éléments doit nécessairement varier un peu,
parce que les causes qui les produisent s'épuisent ou
diminuent d'action ; et je crois que lorsque l'attention se portera davantage sur ce sujet, cette idée de
constance absolue dans la composition des eaux minérales perdra de ses partisans. Il est quelques sources
pour lesquelles des changements ont été bien constatés.
Ainsi, de l'aveu de tout le monde, les eaux de Balaruc varient dans leur composition ; le même fait me
paraît bien prouvé par les eaux de Seltz et l'eau de
Seidschutz. M. Daubeni l'a prouvé d'une manière évidente pour les gaz des eaux de Bath, qui non seulement ne s'échappent pas toujours en même quantité,
mais ne contiennent pas toujours, pour un même
volume, des quantités égales d'acide carbonique.
L'eau d'Aix en Savoie, suivant M. Bonjean, est plus
sulfureuse en été qu'en hiver. M. Anglada a vu que
depuis le travail que Carrère et Venel ont fait sur les
sources des Pyrénées en 1754, elles ont éprouvé un
refroidissement sensible ; il en est de même des eaux
de Néris. La température de l'eau de Vichy est variable, suivant M. Chevallier ; il en est de même des
sources de Bourbonne, d'après les observations de
M. Arthaud. L'eau de Spa est plus active dans les
temps chauds ; dans les saisons pluvieuses elle est
presque insipide. La source de la Reinette, aux eaux
de Forges, est trouble et devient bourbeuse un jour
ou deux avant les changements de temps ; elle char-

rie plus abondamment avant et après le coucher du
soleil. L'eau de La Charbonnière, près de Lyon, est
moins ferrugineuse pendant les chaleurs, moins
hydrosulfurée après les pluies. Les sources de Gabian
présentent des phénomènes analogues. Elles s'épuisent toujours davantage, et elles ne fournissent plus
que six quintaux de bitume par an, au lieu de trente-
six qu'elles en donnaient autrefois.

Les secousses violentes, comme les tremblements
de terre, sont les causes qui modifient de la manière la
plus évidente la composition des eaux minérales. Lors
du tremblement de terre de Lisbonne la source de la
Reine, à Bagnères de Bigorre, augmenta sensiblement de température; la même chose arrive à Bude
en Hongrie; en 1660, la thermalité des bains de
Bagnères de Bigorre fut suspendue brusquement; en
1775, la même chose arriva aux eaux d'Aix en Savoie. Déjà nous avons cité l'accroissement de chaleur
des eaux de Mariana et de las Trincheras par des
causes semblables.

§ II. De la composition des eaux minérales.

Les matières qui sont fournies par les eaux minérales sont : 1° les gaz qui se dégagent à leur source;
2° les gaz qui sont retenus en dissolution par l'eau;
3° des acides libres; 4° des alcalis libres; 5° des

sels ; 6° des compositions hépatiques du soufre ; 7° des matières de nature organique.

Des gaz qui se dégagent des sources minérales. — Ces gaz sont, le plus habituellement, l'acide carbonique, l'azote, l'oxygène, l'air atmosphérique, l'hydrogène sulfuré. On rencontre bien plus rarement l'hydrogène, l'hydrogène carboné ; et, dans le voisinage des volcans, se trouve l'acide sulfureux et quelquefois l'acide sulfurique à l'état de mélange avec les vapeurs aqueuses.

L'acide carbonique se dégage, à l'état de pureté parfaite, d'un assez grand nombre de sources. Je citerai Vichy, le Mont-Dore, le Boulidou de Peroles ; il est souvent mêlé d'air, d'azote, quelquefois d'hydrogène sulfuré, plus rarement de gaz inflammable ou d'acide sulfureux : on attribue sa formation à l'action des feux souterrains sur les roches calcaires ou à la décomposition des matières organiques.

L'azote se dégage, à l'état de pureté, des sources thermales des Pyrénées, d'une partie des sources de Suède, des eaux de Bourbonne, de Néris, d'Avesnes, des sources thermales des Cordilières, de Vénézuela, etc. John Davy l'a trouvé presque pur aux sources chaudes de Ceylan. Il est associé à l'acide carbonique dans les eaux de Saint-Nectaire, de Carlsbad, de Balaruc, de Porla, etc. Il est mêlé d'air et d'acide carbonique à Buxton, à Bourbon-l'Archambault, à la source de la Magdeleine. Son dégagement a été reconnu, pour la première fois, par le docteur Pear-

son aux eaux de Buxton en Angleterre. Depuis,
MM. Saint-Pierre, Anglada, Longchamps, se sont
surtout occupés de cette étude. On n'est nullement
d'accord sur son origine, qui, sans doute, n'est pas
toujours la même : on l'attribue à la décomposition
de l'air par les matières organiques ou sulfurées des
eaux qui absorbent l'oxygène et à la décomposition
des matières organiques elles-mêmes.

L'oxygène a été trouvé souvent dans les eaux, à
l'état d'air atmosphérique; Margueron a annoncé
qu'il se dégageait mêlé seulement d'un peu d'air à la
source de la Rochecorbon.

L'hydrogène sulfuré (acide sulfhydrique) est assez
fréquemment répandu dans les eaux, auxquelles il
communique une odeur et une saveur hépatiques :
nous y reviendrons en traitant de l'état du soufre dans
les eaux minérales.

L'existence de l'hydrogène et de l'hydrogène carboné dans les eaux ne me paraît pas avoir été toujours suffisamment constatée. Voici les exemples qui
en sont donnés : il se dégage un gaz inflammable à
la source de Porretta en Italie; il se dégage de
l'hydrogène mêlé d'hydrogène sulfuré et d'acide carbonique, d'une source existant dans l'État de Sienne;
les mêmes gaz sont associés à l'air et à l'azote à la
source de Stachelberg en Suisse; un courant rapide
d'hydrogène carboné traverse les bains de Lusignano
dans le duché de Parme; l'hydrogène carboné se dégage mêlé d'acide carbonique à Sainte-Marie-les-

Bains en Toscane ; ces deux mêmes gaz sont associés à l'hydrogène sulfuré dans l'eau de Querzola dans la principauté de Modène.

Le gaz sulfureux se dégage de certaines sources dans le voisinage des volcans ; il est quelquefois mêlé d'hydrogène sulfuré, et souvent il donne naissance à de l'acide sulfurique.

Quand on veut reconnaître la présence de ces diverses substances gazeuses, on les reçoit dans des cloches ou des bouteilles que l'on porte sur le mercure, et on les soumet à quelques essais ; l'acide carbonique est absorbé complétement par la potasse ; il trouble l'eau de chaux ; l'azote pur éteint les corps en combustion, et son volume ne change pas quand on l'a chauffé avec du phosphore, ou qu'on l'a mêlé avec une dissolution alcaline. Si ces gaz sont mélangés, on reconnaît la proportion de l'acide carbonique par la diminution du volume que la potasse fait éprouver au mélange gazeux ; on éprouve les gaz restants par le phosphore : c'est de l'air atmosphérique, si leur volume diminue de 21 pour 100 ; c'est un mélange d'air et d'azote si l'absorption est moins grande ; il y de l'oxygène en excès, si le phosphore a diminué le mélange gazeux de plus de 21 centièmes.

Les gaz inflammables se reconnaissent à l'inflammabilité du mélange : après l'absorption de l'acide carbonique et la détonation avec l'oxigène par l'étincelle électrique, on conclut la présence de l'hydrogène carboné, de la formation de l'acide carbonique ; et celle de l'hydrogène, de la diminution du volume du gaz, avec formation d'eau, sans qu'il y ait de l'acide carbonique produit.

L'acide sulfureux se reconnaît à son odeur vive et caractéristique ; s'il est mêlé d'acide carbonique, on l'en sépare par le peroxide de manganèse qui n'absorbe pas le gaz carbonique.

Des gaz qui sont tenus en dissolution dans l'eau. — Les gaz que les eaux minérales tiennent en dissolution sont : l'air atmosphérique, souvent plus riche en oxygène, l'acide carbonique, l'acide sulfureux, l'hydrogène sulfuré. Pour les dégager, on remplit un matras de l'eau minérale ; on y adapte un bouchon percé d'un trou et muni d'un tube recourbé propre à conduire les gaz sous des cloches sur le mercure ; on remplit le tube d'eau entièrement et l'on porte à l'ébullition ; on entretient celle-ci tant qu'il se sépare des matières gazeuses ; on sépare les gaz qui surnagent l'eau de la cloche et on les analyse suivant le méthode que nous avons rapportée.

Des acides libres des eaux minérales. — Ces acides sont : l'acide carbonique, l'acide sulfureux, l'acide sulfurique, l'acide hydrochlorique, l'acide borique.

Les eaux chargées d'acide carbonique sont aigrelettes ; elles précipitent par l'eau de chaux. Pour reconnaître et déterminer en même temps la quantité de cet acide, on évapore l'eau d'un tiers de son volume dans un matras, et l'on fait passer le gaz et les vapeurs dans un flacon qui contient une solution de chlorure de baryum ou de chlorure de calcium ammoniacal; l'on fait communiquer ce flacon avec une cloche sur le mercure pour s'assurer si l'acide carbonique a été entièrement absorbé; quand l'opération est terminée, on bouche le flacon, et on le conserve jusqu'au lendemain: il se fait un dépôt de carbonate de chaux ou de carbonate de baryte que l'on recueille, et dont le poids fait connaître celui de l'acide carbonique.

Les eaux chargées d'acide sulfureux se reconnaissent à l'odeur vive et piquante qu'elles exhalent. Si la quantité d'acide est petite, on s'assure de sa présence en distillant une partie de l'eau minérale, autant que possible, à l'abri de l'air, et en examinant le produit de la distillation. S'il contient de l'acide sulfureux, le sulfate de cuivre y forme un principe jaunâtre qui devient rouge quand on le fait bouillir dans l'eau. Après avoir été additionnée de chlore, la liqueur distillée donne du sulfate de baryte par le nitrate de baryte.

Les eaux qui contiennent de l'acide sulfurique sont acides; leur acidité augmente à mesure qu'on les concentre, parce que l'eau et les autres corps volatils passent d'abord à la distillation. Quand les eaux sulfuriques ont été concentrées, et qu'on en met sur du papier, celui-ci se charbonne quand on l'approche du feu et que l'eau s'évapore. On déterminerait aisément la proportion de l'acide en concentrant l'eau minérale en consistance molle, et traitant par de l'alcool qui dissoudrait l'acide sulfurique sans toucher aux sulfates : on reconnaîtrait exactement sa quantité en le transformant en sulfate de baryte.

Quand une eau contient de l'acide hydrochlorique, on le reconnaît en distillant cette eau : l'acide passe avec l'eau à la distillation, et le produit forme, avec le nitrate d'argent, un précipité de chlorure d'argent, caillebotté, blanc, soluble dans l'ammoniaque, insoluble dans l'acide nitrique.

L'acide borique a été trouvé dans quelques lacs de Toscane : il cristallise en paillettes quand on concentre les eaux qui le contiennent ; et ces paillettes, dissoutes dans l'alcool, lui communiquent la propriété de brûler avec une flamme verte.

Des bases alcalines libres dans les eaux minérales. — La soude est la seule base qui ait encore été trouvée à l'état de liberté dans les eaux minérales ; encore ce résultat est-il controversé : elle se trouve dans l'eau des Geysers d'Islande, mais sans doute à l'état de silicate combiné avec une partie de la silice. Elle paraît exister sous le même état dans les eaux sulfureuses des Pyrénées. Au reste, quand une eau contient de la soude libre, elle a une réaction alcaline ; si on l'évapore à l'abri de l'air et qu'on la reprenne par l'alcool, la soude est dissoute.

Des sels contenus dans les eaux minérales.—Les sels les plus communs dans les eaux minérales sont les sulfates, les carbonates et les chlorures ; leurs bases les plus ordinaires sont la soude, la chaux, la magnésie et l'oxide de fer.

Les *Carbonates* de chaux , de magnésie, de soude
et de fer se rencontrent dans un grand nombre
d'eaux ; le carbonate de lithine a été trouvé dans
l'eau de Mareinbad en Bohême ; celui de baryte dans
les eaux de Luxeuil et de Lamscheid ; le carbonate
de strontiane dans les eaux de Lukastchowitz en
Moravie, dans celles de Sedlitz , d'Égra , de Carlsbad,
d'Ernabrunnen. Le carbonate de manganèse est
commun dans les eaux ferrugineuses. Je citerai les
eaux de Sedlitz , de Luxeuil , d'Adolfsberg , de Pyrmont , de Baden en Suisse , d'Egra , d'Ems , etc. Le
carbonate d'alumine a été trouvé dans les eaux de
Langenbrucken , de Meinberg , de Driburg ; enfin le
carbonate de cuivre a été rencontré dans l'eau d'Ernabrunnen dans la principauté d'Anhalt.

Les carbonates de potasse ou de soude donnent
aux eaux une propriété alcaline ; ils rougissent le papier de curcuma ; ils ramènent au bleu le papier de
tournesol rougi par les acides ; ils communiquent
au résidu de l'évaporation la propriété de faire effervescence par les acides. Les carbonates terreux et celui de fer sont ordinairement tenus en dissolution
par l'acide carbonique ; ils se précipitent quand on
soumet l'eau à l'ébullition ou au moins à la concen-
tration. Le précipité est grenu et s'attache aux vases
quand il est formé par la chaux ; il est floconneux
quand il est magnésien, et d'une couleur rougeâtre
quand il contient du fer.

Les *Sulfates* se reconnaissent aisément dans les eaux

par la propriété qu'ils leur communiquent de donner avec le chlorure de baryum un précipité blanc insoluble dans l'acide nitrique. Les sulfates de soude, de chaux et de magnésie sont communs ; celui de fer l'est davantage, celui d'alumine l'est plus encore. Vauquelin a trouvé le sulfate de manganèse dans une source de Cransac. On dit que le sulfate de strontiane existe dans l'eau de Louesche.

Les *Hydrochlorates* ou *Chlorures* se reconnaissent à ce que les eaux qui les contiennent, donnent, avec le nitrate d'argent, un précipité blanc, caillebotté, insoluble dans l'eau et dans l'acide nitrique, et qui se dissout facilement dans l'ammoniaque.

Les chlorures de magnésium et de sodium sont très communs dans les eaux minérales, celui de calcium y est plus rare. Vauquelin a trouvé le chlorure de manganèse dans une eau de Bagneux.

Les *Nitrates* de potasse, de chaux et de magnésie sont les plus communs. Quand une eau contient un nitrate, il faut l'évaporer, et le résidu fuse sur les charbons ; traité par l'acide sulfurique concentré, il dégage du chlore et de l'acide nitreux, parce que les nitrates sont toujours mêlés de chlorure. Si la proportion de nitrate est faible, il faut séparer par l'alcool les sels solubles, au nombre desquels se trouvent les nitrates ; on volatilise l'alcool, et l'on fait l'essai sur la nouvelle matière saline obtenue. Si la quantité de nitrate est très petite, pour le reconnaître, on peut avoir recours (au procédé de M. Becquerel.

On met dans une capsule de l'acide hydrochlorique pur, et au fond une petite quantité d'or précipité par le sulfate de fer ; on ajoute dans l'acide un fragment du sel à essayer. S'il contient du nitrate, l'or s'entoure peu à peu d'un léger nuage jaune.

Les *Phosphates* sont rares dans les eaux minérales : on a trouvé le phosphate de potasse dans l'eau de Godelheim en Westphalie ; celui de soude dans l'eau de Seltz et dans celle d'Ernabrunnen ; le phosphate d'alumine a été rencontré dans l'eau de Gastein en Autriche; le phosphate de magnésie dans l'eau d'Égra: on a trouvé le phosphate de chaux dans la même eau, et dans celles d'Eilsen, de Godelheim et d'Ernabrunnen.

Les *Fluates* ou *fluorures* sont rares et peu abondants dans les eaux minérales : on les reconnaît en dissolvant le résidu insoluble des eaux dans l'acide nitrique, et faisant évaporer la liqueur dans un creuset de platine que l'on recouvre d'un verre de montre. L'acide fluorique laisse sur le verre des traces évidentes de corrosion.

Le fluate de chaux a été trouvé dans les eaux de Gastein en Autriche, et dans plusieurs eaux du cercle de Coblentz.

Les *Borates* que l'on trouve dans les eaux sont ceux de soude et d'ammoniaque. Ils existent tous deux dans les lagonis de Toscane. On les reconnaît à ce que les liqueurs concentrées donnent par l'acide sulfurique un précipité cristallin d'acide borique.

Les *Silicates* se reconnaissent à ce que le résidu insoluble des eaux minérales, humecté avec de l'acide hydrochlorique fort pendant quelques heures, et repris par l'eau, laisse de la silice. Elle est sous la forme d'un précipité blanc qui, fondu avec trois parties de potasse, donne un verre soluble, dont la dissolution fournit par les acides un précipité gélatineux de silice.

La silice existe dans le plus grand nombre des eaux minérales; mais on ne sait pas parfaitement sous quel état. Y est-elle en simple dissolution, à raison de sa solubilité propre? Est-elle combinée aux bases à l'état de silicate? Probablement les deux états existent dans la nature; mais ils ont été jusqu'à présent fort mal appréciés.

La *Potasse* est rare dans les eaux minérales; cependant elle se trouve assez communément à l'état de nitrate dans les eaux qui ont traversé les terrains chargés de matières organiques. On la rencontre à l'état d'alun dans quelques eaux ferrugineuses, par exemple dans les eaux de Passy et dans celles de Ronneby en Suède. On l'a trouvée combinée à l'acide phosphorique dans l'eau de Godelheim en Westphalie; M. Vogel l'a rencontrée à l'état d'acétate dans les eaux de Brukenau en Bavière.

La *Soude* est très répandue à l'état salin dans les eaux minérales. Elle est surtout combinée aux acides sulfurique et carbonique et à l'état de sel marin. Elle a été trouvée unie à l'acide phosphorique dans l'eau d'Ernabrunnen.

L'appréciation des sels de soude n'offre de difficultés qu'autant qu'ils sont mêlés à des sels de potasse. Si l'on a affaire à un mélange des deux chlorures, il faut précipiter la liqueur par le chlorure de platine, l'évaporer à siccité, et la reprendre par l'alcool de 0,875 D., qui dissout le chlorure double de platine et de sodium, et qui laisse celui de potassium.

Si l'on a affaire à un mélange de sulfate de potasse et de sulfate de soude, il faut les réduire en chlorures par le chlorure de baryum, et séparer les chlorures l'un de l'autre, comme nous venons de le dire.

Si les deux sels sont à l'état de carbonate, on les change également en chlorure pour reconnaître leur quantité.

La *Lithine* est fort rare dans les eaux minérales. Pour la reconnaître il faut, après avoir obtenu les carbonates calcaires, saturer presque complétement leur dissolution avec de l'acide phosphorique, évaporer à siccité et redissoudre par la plus petite quantité d'eau possible. Il reste un phosphate double de soude et de lithine qui est peu soluble

L'*Ammoniaque* est une base assez rare dans les eaux minérales, ou plutôt peut-être sa recherche y a été trop négligée. On l'y trouve à l'état de carbonate, par exemple, dans l'eau de Marienbad en Bohême; à l'état d'hydrochlorate dans celle de Pyrmont, d'Égra; combinée à l'acide borique dans les lagonis de Toscane; unie aux acides crénique et apocrénique dans l'eau de Porla, en Suède.

Quand le carbonate d'ammoniaque existe dans une eau minérale, il passe à la distillation en même temps que l'eau; quand on recherche le borate, il faut précipiter par un acide la dissolution concentrée; quand on recherche l'hydrochlorate, il faut sublimer le mélange des chlorures que l'on obtient par l'alcool. Au reste, la présence de l'ammoniaque dans ces sels se reconnaît facilement par l'odeur caractéristique qui se manifeste quand on les triture avec de la chaux ou de la potasse caustique.

La *Chaux* est très commune dans les eaux minérales; on la rencontre surtout à l'état de carbonate et de sulfate. Elle a été trouvée combinée à l'acide phosphorique dans les eaux d'Égra, d'Eilsen, d'Ernabrunnen, de Godelhein; avec l'acide fluorique dans l'eau de Gastein, et avec l'acide silicique dans l'eau de Tatenhausen en Westphalie. Elle est souvent combinée à l'acide nitrique dans les eaux de lavage des terrains nouveaux.

On reconnaît facilement la présence de la chaux dans les eaux minérales par l'oxalate d'ammoniaque qui forme un précipité blanc insoluble d'oxalate de chaux, lequel se change en chaux vive par la calcination.

La *Magnésie* se trouve dans les eaux au même état que la chaux. Elle est précipitée par l'eau de chaux sous forme de précipité floconneux ; le carbonate de soude la précipite, en partie, à l'état de magnésie blanche à froid, et presque complétement à l'ébullition ; les bicarbonates alcalins ne troublent pas ses solutions à froid et les précipitent avec effervescence à chaud.

La magnésie est toujours associée à la chaux dans les eaux minérales, et l'on éprouve quelque difficulté à les séparer. M. Berzélius et M. Chevreul conseillent de verser de l'oxalate d'ammoniaque dans la dissolution des deux bases, de séparer promptement par la filtration l'oxalate de chaux, d'évaporer les liqueurs et de les calciner. Le résidu est de la magnésie. Il faut faire attention, dit M. Berzélius, qu'elle contient souvent de la silice et de l'alcali à l'état de double silicate.

La magnésie a été trouvée à l'état de nitrate dans les eaux de Louesche et de Prinzdhofen, en Bavière ; et dans l'eau de Seidschutz ; à l'état de phosphate dans l'eau d'Égra.

La *Baryte* et la *Strontiane* sont rares dans les eaux minérales. Bergman dit y avoir observé le chlorure de baryum ; mais le fait est douteux. Le carbonate a été rencontré dans les eaux de Luxeuil, de Lamscheid. La propriété que possède la baryte de former, avec l'acide sulfurique, un sulfate insoluble dans un excès d'acide nitrique, la fait aisément reconnaître.

La strontiane paraît être moins rare que la baryte dans les eaux minérales ; le sulfate se trouve, dit-on, dans les eaux de Louesche ; le carbonate existe dans les eaux de Sedlitz, de Carslbad, de Luhatschowitz, de Lamscheid, d'Égra, d'Ernabrunnen et de Bulgneville. La strontiane est précipitée en même temps que la chaux dans l'analyse : il faut transformer le mélange en nitrate, l'évaporer et le traiter par l'alcool absolu, qui ne dissout pas le nitrate de strontiane. On le reconnaît à ce que, dissous dans l'alcool aqueux, il colore sa flamme en rouge ; à ce que sa dissolution aqueuse est précipitée par l'acide sulfurique et non par l'acide fluo-silicique.

L'*Alumine* paraît être assez commune dans les eaux minérales. Elle a été trouvée à l'état de sulfate dans celles de Pisciarelli, de Querzola, de Digne, de Passy, de Ronneby. Elle doit être commune dans toutes les eaux qui lavent les terrains alumineux ou pyriteux ; on l'a rencontrée à l'état de phosphate dans l'eau de Gastein en Autriche, à l'état de silicate dans celle de Tatenhausen en Westphalie. On dit qu'elle existe à l'état de carbonate dans les eaux de Driburg et d'Eilsen ; peut-être dans celle d'Evian, de Lucques, de Meinberg, etc.

Le *Fer* est l'un des éléments les plus importants de la constitution des eaux minérales ; pour peu que la proportion s'en élève, il leur communique des propriétés spéciales fort importantes.

Les eaux qui contiennent du fer en dissolution ont des caractères tranchés. Elles ont une saveur d'encre plus ou moins prononcée ; elles se troublent plus ou moins vite à l'air et elles laissent séparer un dépôt rougeâtre; le cyanure de potassium ferruré y forme un précipité bleu, surtout si l'on ajoute d'abord un peu de chlore ou d'acide nitrique. Quand la liqueur contient un excès de carbonate alcalin, et qu'on ne l'acidule pas d'abord, l'eau prend seulement une couleur verte, et au bout de quelques heures elle fournit un dépôt d'un bleu verdâtre.

Le cyanure rouge de potassium est un réactif plus sensible pour les eaux ferrugineuses, parce que le métal y est presque toujours à l'état de protoxyde : il donne de suite un précipité bleu, et seulement une teinte verte si la proportion de fer est réduite à des traces.

L'acide gallique ou l'infusion de noix de galle précipite aussi les eaux ferrugineuses. La couleur varie du pourpre foncé au brun noirâtre, et même s'il y a très peu de fer, l'eau ne se colore qu'à la longue en prenant une teinte purpurine.

Un excès d'alcali dans l'eau modifie la nuance; elle est alors intermédiaire entre le vert et le brun foncé.

Le fer se trouve dans les eaux à l'état de carbonate, de crénate et de sulfate. Les eaux chargées de carbonate de fer le laissent précipiter tout entier par l'ébullition en même temps que les carbonates terreux; on reprend le précipité par l'acide hydrochlorique et l'on ajoute à la liqueur du prussiate de potasse ferrugineux qui précipite le fer à l'état de bleu de Prusse; si on veut le doser il vaut mieux précipiter l'oxyde de fer par l'ammoniaque.

Quand la proportion de fer est fort petite, le procédé le plus exact pour le reconnaître est l'emploi du chlorure d'or; on remplit un flacon avec la liqueur, à laquelle on ajoute un peu de chlorure d'or; le flacon doit être exactement rempli et bien bouché. Le protoxyde de fer décompose le chlorure, et l'or métallique est précipité.

Quand le fer est à l'état de sulfate dans les eaux, il n'est pas précipité par l'ébullition; on le retrouve mêlé aux autres sulfates; on verse dans leur dissolution de l'hydrosulfate d'ammoniaque qui précipite en même temps de l'alumine et de l'hydrosulfate de fer et de manganèse; on redissout le précipité par l'acide nitrique, et on précipite de nouveau par un excès de potasse qui retient l'alumine et ne sépare que les oxydes de fer et de manganèse.

Le *Manganèse* accompagne souvent le fer dans les eaux minérales. Vauquelin dit l'avoir trouvé à l'état de sulfate dans la source de Cransac, à l'état de chlorure dans l'eau de Bagneux. Il est commun à l'état de combinaison avec l'acide carbonique; on cite les eaux de Pyrmont, de Baden en Suisse, de Sedlitz, de Godelheim, d'Égra, de Luxeuil, d'Ems, de Salzbrunn, etc. On reconnaît la présence du manganèse à ce que le précipité qui a été donné par l'hydrosulfate d'ammoniaque, après avoir été grillé à l'air, donne avec la potasse du caméléon vert. Si l'on veut en déterminer la quantité, il faut dissoudre l'hydrosulfate double dans l'eau régale, chasser l'excès d'acide par l'évaporation, étendre d'eau, et précipiter par le succinate d'ammoniaque ; laver le succinate de fer avec de l'eau chargée de succinate d'ammoniaque, précipiter le manganèse par du carbonate de soude et calciner le précipité.

Le *Cuivre* a été trouvé à l'état de carbonate dans l'eau d'Ernabrunnen, dans la principauté d'Anhalt.

L'*Arsenic* a été trouvé dans l'eau minérale de Bukowina en Transylvanie ; il se dépose à l'état de sulfure, suivant Fitchel.

Le *Zinc* a été trouvé à l'état salin dans les eaux de Ronneby.

Des composés hépatiques de soufre.—Le soufre contenu dans les eaux minérales à l'état de sulfure alcalin ou l'hydrogène sulfuré, communique à l'eau une odeur et une saveur d'œufs pourris tout-à-fait caractéristiques ; mais les eaux sulfureuses ne contiennent pas toutes le soufre au même état de combinaison. On distingue, 1° les eaux qui contiennent seulement du gaz hydrogène sulfuré ; 2° celles qui contiennent des hydrosulfates ; 3° les eaux dans lesquelles l'hydrogène sulfuré et les hydrosulfates sont associés ; 4° enfin celles dans lesquelles on rencontre tout à la fois des hydrosulfates, de l'hydrogène sulfuré et de l'acide carbonique.

Quand une eau minérale contient de l'hydrogène sulfuré, elle répand une odeur fétide ; elle noircit le mercure que l'on agite avec elle en dégageant de l'hydrogène ; elle noircit du papier imprégné d'acétate de plomb que l'on a suspendu à quelque distance de sa surface ; elle laisse précipiter du soufre quand on la mélange avec de l'acide nitrique ou de l'acide sulfureux ; elle colore en jaune, ou précipite en jaune une dissolution d'acide arsénieux ; enfin elle perd tous ces caractères par l'ébullition.

Une eau minérale qui contient un sulfure soluble, sans hydrogène sulfuré, a peu d'odeur, et cette odeur augmente beaucoup par les acides ; elle ne colore pas à distance le papier d'acétate de plomb ; elle ne noircit pas le mercure par l'agitation ; elle ne jaunit l'acide arsénieux que par le secours d'un acide ; enfin elle conserve tous ces caractères après avoir été soumise à l'ébullition.

Quand les eaux minérales contiennent en même temps de l'hydrogène sulfuré et un hydrosulfate, elles ont les caractères communs aux deux espèces précédentes. Elles perdent l'hydrogène sulfuré à l'ébullition, et conservent les propriétés des eaux hydrosulfatées.

On arrive à connaître la proportion du soufre dans les eaux au moyen d'un instrument inventé par **M. Dupasquier**, qui lui a donné le nom de sulfhydromètre ; il est basé sur la propriété que l'iode possède de remplacer le soufre, et sur celle que possède le même corps de bleuir l'amidon. Si donc on verse une solution alcoolique d'iode dans une eau sulfureuse, le soufre est précipité, et l'iode prend sa place ; mais aussitôt que tout le principe sulfureux a été détruit, l'iode en excès réagit sur l'amidon, et le colore en bleu. Par cette coloration, l'on est averti aussitôt que tout le soufre a été séparé ; et de la quantité d'iode qui a été nécessaire pour atteindre ce point, on conclut la proportion du soufre contenu dans l'eau minérale.

Le sulfhydromètre se compose d'un tube de 35 à 40 centimètres de long, et de la grosseur d'une plume d'oie : il est ouvert à ses deux extrémités ; mais à sa partie inférieure, l'ouverture est capillaire. Ce tube est d'ailleurs gradué de manière que chaque division ou degré contienne un demi-centimètre cube.

La teinture d'iode dont on se sert s'obtient en faisant dissoudre dans un décilitre d'alcool à 33° cart. 2 grammes d'iode qui a été exposé pendant une heure à une température de 50 degrés. Bien que l'iode décompose l'alcool, l'expérience a montré que cette teinture conserve toutes ses propriétés pendant un mois. Chaque division du sulfhydromètre contient un centigramme d'iode.

Pour faire l'opération, on met dans un bocal de verre blanc un litre ou un décilitre de l'eau minérale, et on y verse la teinture d'iode contenue dans le sulfhydromètre goutte par goutte en agitant à chaque fois. Aussitôt que la couleur bleue reste permanente, l'opération est terminée.

Chaque degré du sulfhydromètre, ou chaque centigramme d'iode représente :

1,27 milligrammes de soufre.

1,35 — d'hydrogène sulfuré.

3,11 — de sulfure de sodium.

Une eau ne contient que de l'hydrogène sulfuré, et sa proportion est donnée directement par le sulf-hydromètre, si, après avoir été agitée avec de la poudre d'argent, elle a perdu tout caractère sulfureux.

Une eau ne contient qu'un sulfure en dissolution si elle donne le même degré au sulfhydromètre avant et après son agitation avec la poudre d'argent.

Une eau contient en même temps de l'hydrogène sulfuré et un sulfure, quand le sulfhydromètre accuse des quantités différentes de soufre avant et après l'emploi de la poudre d'argent. On déterminera alors par un premier essai la richesse sulfureuse d'un volume d'eau; puis, prenant un volume semblable d'eau qui aura été agitée avec la poudre d'argent, et l'essayant à son tour, la différence entre les deux résultats indiquera le soufre qui était à l'état d'hydrogène sulfuré.

Du Brôme et de l'Iode dans les eaux minérales. — Une eau minérale qui contient un iodure donne par le nitrate acide d'argent un précipité qui ne se dissout ni dans l'acide nitrique ni dans l'ammoniaque. On doit concentrer l'eau minérale presque à siccité, et la reprendre par de l'alcool fort; on verse sur les sels obtenus une solution d'amidon un peu chargée de chlore; le sel se colore en bleu, s'il contient de l'iode. Des quantités d'iode très minimes ne seraient pas décelées par ce procédé : on a recours alors au procédé de M. Lassaigne, qui est fondé sur l'insolubilité de l'iodure de palladium ; elle est telle qu'elle peut servir à accuser 1/400,000ᵉ d'iode. Du chlorure de palladium versé dans l'eau minérale iodurée lui donne une teinte brunâtre, et bientôt l'iodure de palladium se dépose. Pour ne conserver aucun doute sur la nature du précipité, M. Henry conseille de le redissoudre par quelques gouttes d'ammoniaque, d'y ajouter une solution d'amidon et un petit excès d'acide sulfurique ; le bleu se produit aussitôt.

Une eau qui contient du brôme est précipitée par le nitrate acide d'argent. Si on lave le précipité, et qu'on le traite par du zinc et de l'acide sulfurique, le brôme et l'iode, s'il y en a, rentrent en dissolution. On sépare par un petit excès de baryte l'acide sulfurique et l'oxyde de zinc, et l'on évapore à siccité. On reprend par de l'alcool à 40 degrés, qui dissout le brômure de baryum. On reconnaît celui-ci en le chauffant dans un tube avec un peu de sulfate acide de potasse, il se fait du gaz sulfureux et de la vapeur rutilante de brôme (Henry).

Pour reconnaître le mélange de l'iodure et du brômure si la proportion des deux sels est considérable, on peut traiter le précipité d'argent par l'ammoniaque, qui ne dissout pas l'iodure d'argent. Lassaigne indique comme très sensible la méthode suivante.

A la solution des deux sels on ajoute une solution

faible de chlore ; la liqueur se colore en jaune. On y
plonge un papier blanc amidonné , qui se colore en
bleu s'il y a de l'iodure. Si l'on avait mis trop de
chlore , le papier ne se colorerait pas immédiatement ; mais en l'exposant à l'air , la coloration fini-
rait par se produire.

*Des matières organiques contenues dans les eaux mi-
nérales.* — Ces matières sont encore assez mal con-
nues. Il est souvent difficile de déterminer avec exactitude quelle est leur véritable nature. En général ,
elles n'ont pas été étudiées suffisamment.

Les eaux de Baden , celles de Cappone et de Carlsbad ont l'odeur et la saveur de bouillon.

La matière organique des eaux de Freyenwald dans
le Brandebourg , de Pfeffers dans le canton de Galles,
de Memberg dans la Westphalie, est une matière
résineuse. Il y a une huile concrète dans l'eau de
Plaine, suivant Hectot ; c'est du bitume dans l'eau de
Sultzbach ; il y en a dans l'eau de Vichy, et beaucoup
d'autres ; une huile spiritueuse existe dans celle
d'Escot.

L'eau de Gurgitello et beaucoup d'autres contiennent , dit-on , une matière extractive. M. Berzélius a
trouvé assez récemment dans l'eau de Porla deux
acides différents, l'acide crénique et l'acide apocrénique. Le premier est d'un jaune pâle, incristalli-
sable, transparent ; sa saveur est acide , puis astringente. Il forme , avec la potasse et la soude, des
sels neutres et des sels acides incristallisables , solu-

bles dans l'eau et insolubles dans l'alcool ; ils ressemblent à des extraits; ils brunissent à l'air et s'y
changent en apocrénates. Le crénate de protoxyde de
fer est soluble dans l'eau ; le crénate de peroxyde y
est insoluble.

L'acide apocrénique est brun, peu soluble dans
l'eau. Il se dissout mieux dans l'alcool anhydre. Sa
saveur est très astringente. Ses sels ressemblent aux
crénates, et ils ont les mêmes caractères de solubilité.

On peut extraire ces deux acides de l'ocre jaune
qui se dépose des eaux ferrugineuses et qui les contient à l'état de sous-sels. A cet effet, on fait bouillir
l'ocre avec de la potasse caustique, et l'on filtre; on
ajoute à la liqueur un petit excès d'acide acétique,
et on précipite par l'acétate de cuivre; on obtient un
précipité d'apocrénate de cuivre ; on le sépare
par la filtration; on sature la liqueur par un peu de
carbonate d'ammoniaque dont on met un petit excès,
et l'on ajoute de nouveau de l'acétate de cuivre; cette
fois c'est du crénate de cuivre que l'on obtient.

Chacun des deux sels est délayé dans un peu
d'eau, et il est décomposé par un courant d'hydrogène
sulfuré; on évapore dans le vide; on reprend par
l'alcool absolu, qui ne dissout que les acides, et l'on
évapore dans le vide jusqu'à siccité.

M. Vogel a trouvé l'acétate de potasse dans les
eaux de Bruckenau en Bavière, et le docteur Peten-
khofer a rencontré l'acide formique dans celles de
Prinzhofen.

L'on trouve dans un grand nombre de sources thermales une matière azotée qui probablement n'est pas de même nature partout : à Plombières, à Saint-Nectaire, on l'a comparée à la gélatine ; on a plutôt rapproché de l'albumine celle des bains de Porretta ; on l'a dite savonneuse dans l'eau de Saubuse (Landes), fibreuse dans l'eau d'Évian.

Vauquelin a fait quelques recherches sur la matière animalisée des eaux de Vichy ; et celle des sources sulfureuses a surtout été étudiée par MM. Anglada, Longchamps, Fontan et Bonjean. On lui a donné les noms de glairine et de barégine.

La barégine a toujours l'apparence muqueuse ; elle est inodore ; sa saveur est fade ; elle est douce au toucher, et communique cette propriété aux eaux qui la contiennent. Elle paraît être en partie en dissolution dans l'eau, en partie à l'état de suspension ; elle se dépose sous forme de gelée dans les conduits que l'eau traverse ; son caractère le plus remarquable consiste dans les productions organiques auxquelles elle donne lieu.

Cette matière, qui ne montre elle-même aucun indice d'organisation, est à peine exposée à l'air et à la lumière qu'elle se transforme en végétaux d'un ordre inférieur, appartenant aux algues les plus simples : c'est la sulfuraire de Fontan dans les eaux des Pyrénées, des anabaines aux eaux de Néris, etc. C'est sans doute à un semblable mode qu'il faut attribuer la formation de l'algue rose avec reflet violet ; (hœma-

toccus des salines), et peut-être les animaux micros-
copiques observés par Cotta dans les eaux de Carlsbad
et par Dumas et Bertrand dans celles du Mont-Dore.

Il est fort difficile d'apprécier la proportion des
matières organiques qui sont contenues dans les eaux.
On peut les séparer par le filtre quand elles ne sont
que suspendues; mais le plus souvent elles se manifestent par la coloration des sels que l'on retire, ou par
la coloration que ces sels prennent à la calcination.

Des dépôts formés par les eaux minérales. — C'est
un phénomène des plus importants dans l'histoire
des eaux minérales que les dépôts qu'elles forment
en laissant précipiter certains de leurs principes. Des
contrées entières sont assises sur des terrains qui
n'ont pas d'autre origine. Les travertins de Rome,
les dépôts énormes formés par les sources de Carlsbad, et dans lesquels est creusé le lit de la rivière
Éger; les travertins calcaires qui environnent Vichy,
et qui autrefois formaient une digue puissante aux
eaux de l'Allier, sont autant de preuves de la puis-
sance des eaux; et encore tout nous porte à croire
que ces dépôts sont bien moins abondants de nos
jours qu'ils ne l'ont été jadis; ils semblent même
avoir changé de nature : la silice y est en plus faible
quantité, et le calcaire y prédomine surtout.

Les eaux qui sont chargées de carbonates terreux
dissous à la faveur de l'acide carbonique sont celles
qui forment les dépôts les plus communs. A mesure
que le gaz acide se dégage, les sels se précipitent, et

élèvent sans cesse le lit de la fontaine qui leur donne naissance en recouvrant d'une incrustation calcaire les corps qu'ils rencontrent. La fontaine de Sainte-Allyre, à Clermont, est célèbre sous ce rapport : le dépôt est un mélange de carbonate et de silicate terreux avec de l'oxyde de fer. Il forme une grande partie du sol d'un quartier de la ville, et il a construit sur une petite rivière un pont naturel.

Les eaux qui contiennent en même temps des carbonates terreux et de fer présentent, dans leur précipitation au contact de l'air, un phénomène remarquable. Le premier dépôt qui se forme est très ferrugineux et très foncé en couleur ; à mesure que l'eau suit son cours, les dépôts continuent à se faire ; mais ils sont toujours moins colorés, et enfin les derniers sont souvent presque complétement dépouillés d'oxyde de fer.

Les dépôts siliceux que forment les geysers d'Islande sont aussi fort renommés. Certaines eaux forment, dans les bassins où elles sont contenues, des dépôts sans consistance qui sont connus plus particulièrement sous le nom de boues minérales : on les emploie souvent en bains excitants, dans les cas de paralysie ou d'engorgement local. Les boues de Saint-Amand, de Bagnères-de-Luchon, de Bourbonne, de Cauterets, de Néris sont les plus renommées sous ce rapport. Ces boues contiennent toutes les matières que les eaux entraînaient en suspension, ou qu'elles ont déposées au contact de l'air. Elles contiennent en outre des débris de plantes ou d'autres corps organiques.

Ces dépôts sont presque toujours sulfureux, bien que beaucoup d'entre eux ne proviennent pas d'eaux sulfureuses ; mais les matières animalisées de l'eau ou les matières organiques qui s'y sont introduites accidentellement, passent à la putréfaction. Si l'eau contient des sulfates, ils sont décomposés peu à peu, comme cela a lieu à Saint-Amand, et ils sont changés en sulfures. On a encore trouvé dans ces boues les gaz hydrogène sulfuré et carbonique, des sels ammoniacaux et une quantité plus ou moins grande de fer quelquefois changé en sulfure.

§ III. De la Classification des eaux minérales.

Les eaux minérales sont divisées en classes d'après des considérations tirées de la nature des principes qui y sont prédominants ; mais l'on se base plus volontiers sur la nature de celui de ces corps qui donne aux eaux ses propriétés principales.

Ainsi , les eaux ferrugineuses contiennent souvent beaucoup moins de sels de fer que de toute autre substance saline ; mais le fer leur communique une propriété bien tranchée qui doit servir de base à la classification. Il arrive souvent aussi que les eaux sulfureuses sont bien moins

riches en produits hépatiques qu'en substances salines ; mais les propriétés des produits sulfurés carac-
térisent ces eaux mieux que tous les autres éléments
qui les accompagnent. C'est ainsi encore que les eaux
de Sedlitz, de Seidschutz, doivent prendre place dans
la série des eaux salines et non dans celles des eaux
acidulées, parce que les propriétés purgatives que ces
eaux doivent aux sels de magnésie sont plus tranchées que celles qu'elles peuvent emprunter à l'acide
carbonique.

L'on est souvent fort embarrassé quand il s'agit de
placer une eau dans une classe de préférence à une
classe voisine, parce que plusieurs d'entre elles ont
des propriétés mixtes qui leur permettent d'occuper
indistinctement plusieurs places dans une classification méthodique, et parce que nous manquons
souvent de renseignements positifs sur leur véritable
constitution ; de là les différences que l'on observe
dans le classement des eaux minérales fait par les
divers auteurs.

Je diviserai les eaux minérales en six classes,
savoir :

1° Eaux acidules gazeuses.

2° Eaux salines.

3° Eaux ferrugineuses.

4° Eaux sulfureuses.

5° Eaux iodurées ou bromurées.

6° Eaux acides.

PREMIÈRE CLASSE.

EAUX ACIDULES GAZEUSES.

Les eaux acidules gazeuses sont caractérisées par leur saveur aigrelette, par les bulles d'acide carbonique qui s'en dégagent et qui les rendent pétillantes et mousseuses. Elles contiennent des matières salines de nature très variable, mais toujours en faible proportion ; le fer s'y trouve assez fréquemment, mais en très petite quantité.

Les principales eaux acidules gazeuses sont les suivantes :

THERMALES.	TEMPÉRATURE. Degrés.
Alméria (Espagne)	52
Audinac (Ariége)	21 à 21
Bade (Suisse)	41 à 52
Bagnols (Orne)	25 à 27
Barbotan (Gers)	26 à 38
Bourboule (la) (Puy-de-Dôme)	52
Buxton (Angleterre)	27,5
Caldas de Mombey (Catalogne)	54
Caldiéro (Lombardie)	»
Chatelguyon (Puy-de-Dôme)	25
Clermont-Ferrand (Puy-de-Dôme)	18
Dax (Landes)	31 à 62
Gurgitello (île d'Ischia)	80
Lamalou (Hérault)	35

Montaluta (Sienne)	34
Montecatini (Toscane)	19 à 34
Orreza (Corse)	15 à 18
Rennes (Aude)	40 à 50
Rosheim (Bas-Rhin)	15
Saint-Julien (Pise)	24 à 41
Saint-Marc (Puy-de-Dôme)	25
Selles (Ardèche)	25
Vissat (Bouches-du-Rhône)	36 à 40
Wisbad (Nassau)	50 à 66

FROIDES.

Availle ou Absac (Charente).
Besse (Puy-de-Dôme).
Bristol (Angleterre).
Bruckeneau (Bavière).
Camarès (Aveyron).
Chateldon (Puy-de-Dôme).
Fonsanche (Gard).
Gabian (Hérault).
Geilnau (Nassau).
Grandif (Puy-de-Dôme).
Langeac (Haute-Loire).
Legray (Loiret).
Magdeleine (Hérault).
Mariembad (Bohême).
Médague (Allier).
Montbrison (Loire).
Montione (Toscane).
Pontgibeau (Puy-de-Dôme).
Roisdorf (Bas-Rhin).

Saint-Alban (Loire).

Saint-Galmier (Loire).

Sainte-Marie (Cantal).

Saint-Pardoux (Allier).

Saint-Martin-de-Valmeroux (Cantal).

Saint-Myon (Puy-de-Dôme).

Sail-sous-Couzan (Loire).

Salzbrunn (Bohême).

Salzbrunn (Silésie).

Schwalein (Hanau).

Seltz (Nassau).

Soucheyre (Haute-Loire).

Sultzbach (Haut-Rhin).

Sultzmatt (Prusse rhénane).

Syradan (Hautes-Pyrénées).

Tessières-les-Bouches (Cantal).

Vals (Ardèche).

Vic-le-Comte (Puy-de-Dôme).

Vic-sur-Cère (Cantal).

DEUXIÈME CLASSE.

EAUX SALINES.

Les eaux salines sont caractérisées par l'abondance des sels qu'elles contiennent, et auxquels elles doivent leurs propriétés. Un assez grand nombre contiennent de l'acide carbonique, mais il n'est qu'un des éléments accessoires de leur composition ; quelquefois elles contiennent du fer, même de l'hydrogène sulfuré, mais en proportions trop faibles pour qu'on

puisse les ranger convenablement avec les eaux sulfurées ou ferrugineuses.

Je diviserai les eaux salines en deux séries principales, savoir : les eaux salines simples et les eaux salines gazeuses.

Eaux salines simples.

THERMALES.	TEMPÉRATURE. Degrés.
Avène (Hérault)	27 à 28
Balaruc (Hérault)	50
Bains (Vosges)	33 à 51
Barbazan (Haute-Garonne)	19
Bath (Angleterre)	45
Bourbon-Lancy (Saône-et-Loire)	41 à 60
Bourbonne-les-Bains (Haute-Marne)	50 à 59
Capvern (Hautes-Pyrénées)	24
Chaudes-Aigues (Haute-Loire)	57 à 80
Forbach (Moselle)	17
Geyser (Islande)	100
Hammam Berda (Algérie)	29,3
Hammes Kouten (Algérie)	29,3
Labarthe-Rivière (Haute-Garonne)	21
Lachaldette (Lozère)	30 à 34
Lamotte (Isère)	56
Louesch (Suisse)	33 à 51
Luques (Italie)	37 à 57
Luxeuil (Haute-Saône)	10 à 56
Pfeffers (Suisse)	37,5
Plan de Phazi (Hautes-Alpes)	»

Plombières (Vosges) . . . . 45 à 64
Propriac (Vaucluse). 15
Saint-Laurent-les-Bains (Ardèche) . . 53
Saubuse (Landes). 53
Sereis (Landes 41
Ussat (Ariége). . . . . 28 à 38

FROIDES.

Acton (Angleterre).
Bulgneville (Vosges).
Forges (Loire-Inférieure).
Jouhe (Jura).
Labarthe-de-Nesle (Hautes-Pyrénées).
Martigné Briant (Maine-et-Loire).
Rochecordon (Indre-et-Loire).
Santenay (Côte-d'Or).

Eaux salines gazeuses.

THERMALES.	TEMPÉRATURE. Degrés.
Aix (Bouches-du-Rhône).	20 à 37
Baden (Souabe)	45 à 66
Bagnères de Bigorre.	30 à 52
Bilazai (Deux-Sèvres).	23 à 25
Bourbon-l'Archambault (Allier).	60
Carlsbad (Bohême)	67
Cheltenham (Angleterre)	43 à 58
Encausse (Haute-Garonne	26
Ems (Nassau)	28 à 55
Evaux (Creuse).	68 à 75
Foncaude (Hérault)	24

Foncirgue (Ariége)............... 20
Monestier de Briançon............ 22 à 45
Néris (Allier)................... 53
Païpa (Amérique du Sud).......... 73
Roselle (Italie).................. 40
Saint-Amand (Nord)............... 25 à 28
Saint-Gervais (Savoie)........... 41
Saint-Laurent (Ardèche).......... 57
Schlagenbad (Nassau)............. 27
Soultz-les-Bains (Bas-Rhin)....... 18
Tœplitz (Bohême)................ 60 à 65
Vichy (Allier)................... 19 à 45
Vignone (Italie)................. 43 à 44
Wilbad (Wurtemberg)............ »

FROIDES.

Bar (Puy-de-Dôme).
Bussiarès (Aisne).
Cambon (Cantal).
Chaufontaine.
Contrexeville (Vosges).
Egra (Bohême).
Epsum (Angleterre).
Evian (Genève).
Féron (Nord).
Hauterive (Allier).
Marienbad (Bohême).
Matlock (Angleterre).
Miers (Lot).
Niederbronn (Bas-Rhin).
Préhac (Landes).

> Potsdam (Brandebourg).
> Pougues (Nièvre).
> Pouillon (Landes).
> Pullna (Bohême).
> Remolan (Hautes-Alpes).
> Saint-Parise (Nièvre).
> Salces (Pyrénées-Orientales).
> Sedlitz (Bohême).
> Seidschutz (Bohême).
> Windsor Forest (Angleterre).

TROISIÈME CLASSE.

EAUX FERRUGINEUSES.

Les eaux ferrugineuses sont faciles à reconnaître à leur saveur ; elles sont caractérisées par la présence d'une assez forte proportion de fer qui leur donne une saveur d'encre très prononcée. Elles se colorent par la teinture de noix de galle, et finissent par donner un précipité noir ; le ferrocyanate de potasse y forme un précipité bleu ; enfin au contact de l'air elles laissent déposer peu à peu des flocons rougeâtres d'oxyde de fer. Presque toutes sont froides.

Le plus grand nombre des eaux minérales ferrugineuses contiennent le fer à l'état de carbonate de protoxyde dissous par l'acide carbonique ; elles laissent précipiter ce sel quand on les porte à l'ébullition. Dans quelques unes, moins nombreuses, le fer est à l'état de sulfate ; dans d'autres, M. Berzélius a prouvé que le fer est combiné à des acides organiques, à l'état de crénate et d'apocrénate. M. O. Henry a montré que dans quelques eaux ferrugineuses les acides carbonique et crénique se partagent le fer. Enfin M. Lonchamp affirme que très fréquemment le fer à l'état de peroxide forme une combinaison soluble avec la chaux, opinion qui me paraît bien loin d'être démontrée.

Dans la classification des eaux minérales ferrugineuses, il est probable que certaines eaux, considérées comme contenant le fer à l'état de carbonate, pourraient bien, si elles étaient soumises à un nouvel examen, montrer que ce métal y est dissous en partie ou en totalité par l'acide crénique.

Eaux ferrugineuses carbonatées.

Adolfsberg (Suède).

Alette (Aude).

Andelys (Eure).

Ambonay (Marne).

Angoulême (Charente).

Auctoville (Calvados).

Attancourt (Haute-Marne).

Bagnères de Bigorre (Hautes-Pyrénées).

Bath (Angleterre). T. 45°.

Barberie (Loire-Inférieure).

Beauvais (Oise).

Bellême (Orne).

Bleville (Seine-Inférieure).

Boulogne (Pas-de-Calais).

Briquebec (Manche).

Brucourt (Calvados).

Bussang (Vosges).

Busignargue (Hérault).

Bujuto (Sicile).

Calafari (Naples).

Camarès (Aveyron).

Cambo (Basses-Pyrénées).

Campagne (Aude). T. 27°.

Capus (Hérault) T. 25°.

Castel – Jaloux (Lot-et-Garonne).

Castera – Verduzan (Gers). T. 25°.

Chapelle-Godefroy (Aube).

Charbonnières (Rhône).

Chateldon (Puy-de-Dôme).

Chaudebourg (Moselle).

Cheltenham (Angleterre).

Conches (Cantal).

Cours-St-Gervais (Hérault).

Courtomer (Orne).

Dieu-le-Fit (Drôme).

Dinan (Côtes-du-Nord).

Ebeaupin (Loire-Inférieure).

Estrels (Puy de-Dôme).

Fontenelle (Vendée).

Forges (Seine-Inférieure).

Fouchères (Auvergne).

Godelheim (Wesphalie).

Gournay (Seine-Inférieure).

Guelneau (Nassau).

Harrowgate (Angleterre). T. 54°.

Johannisbad (Bohême).

Laifour (Ardennes).

Lamsched (Prusse).

Laplaine (Loire-Inférieure).

Liebenstein (Saxe).

Lepinay (Seine-Inférieure).

Malvern (Angleterre),

Margeaix (Puy-de-Dôme).

Montlignon (Seine-et-Oise).

Nancy (Meurthe).

Neubrunnen (Hesse).

Nointot (Seine-Inférieure).

Noyers (Loiret).

Orezza (Corse).

Pandraux (Haute-Loire).

Pontgibeau (Puy-de-Dôme).

Pont-de-Veyle (Ain).

Pont-à-Mousson (Meurthe).

Pontivy (Morbihan).

Pernic (Loire-Inférieure).

Pougues de Châteaugontier (Mayenne).

Puerto-Llano (Espagne).

Pyrmont (Westphalie).

Quievrecourt (Seine-Infér.)

Quincier (Rhône).

Rennes (Ille-et-Vilaine).

Rouen (Seine-Inférieure).

Ruillé (Sarthe).

Saint-Allyre (Puy-de-Dôme)

Sainte-Claire (Puy-de-Dôme)

Saint-Diey (Vosges).

Saint-Germain (Seine-Inférieure).

Saint-Gervais (Hérault).

Saint-Herblon (Loire-Infér.)

Sainte-Madeleine de Flourens (Haute-Garonne).

Saint-Mauriti (Grisons),

Saint-Martin de Fenouilla (Pyrénées-Orientales).
Saint-Sautin (Orne).
Salus (Auvergne).
Scarborough (Angleterre).
Schwalbach (Nassau).
Segrey (Loiret).
Sermaise (Marne).
Seneuil (Dordogne).
Sorède (Pyrénées-Orientales)

Spa (Pays-Bas).
Tarascon (Ariége).
Tongres (Pays-Bas).
Tunbridge (Angleterre).
Verberie (Oise).
Vic-en-Carladez (Cantal).
Vic-le-Comte (Puy-de-Dôme).
Watweller (Haut-Rhin).

Eaux ferrugineuses crénatées.

Aix (Savoie).
Aix-la-Chapelle (Prusse rhénane).
Auriol (Isère).
Borcette (Prusse rhénane).
Roanne (Loire).
Porla (Suède).
Saint-Pardoux (Allier).
Trollière (Allier).

Eaux ferrugineuses sulfatées.

Alais (Gard).
Cransac (Aveyron).
Ferrière (Loiret).
Passy (Seine).
Péronne (Somme).
Reims (Marne).
Ronneby (Suède).
Segray (Loiret).

QUATRIÈME CLASSE.

EAUX SULFUREUSES.

Les eaux sulfureuses sont caractérisées par leur odeur hépatique, qu'elles doivent à l'hydrogène sulfuré libre (acide hydrosulfurique ou sulfhydrique), ou à un sulfure alcalin. Elles colorent toutes en noir l'acétate de plomb; elles brunissent ou noircissent les métaux blancs. Elles se divisent naturellement en :

1° Eaux hydrosulfurées ou sulfhydriquées. Elles contiennent le soufre à l'état d'acide sulfhydrique.

2° Eaux sulfurées on sulfhydratées. Le soufre s'y trouve en combinaison avec les métaux, presque constamment avec le sodium à l'état de sulfure.

3° Eaux acidules sulfhydriquées. Elles contiennent en même temps de l'acide carbonique et du gaz sulfhydrique.

4° Eaux acidules sulfurées. Elles contiennent en même temps un sulfure, de l'acide carbonique et du gaz sulfhydrique.

5° Eaux sulfureuses ferrugineuses. Elles contiennent du fer.

Bien que ces distinctions soient tranchées, et que ces différentes espèces d'eau se trouvent dans la nature, il est presque impossible d'assigner leur véritable place à celles des eaux sulfureuses qui n'ont pas été l'objet d'une étude nouvelle, car on

a longtemps confondu entre elles toutes ces espèces
d'eaux. Il en résulte que dans les divisions qui vont
suivre, il est plusieurs de ces eaux qui n'occupent
pas peut-être la place qui leur appartient réellement.

Eaux sulfhydriquées.

L'hydrogène sulfuré en est le principal minéralisateur; elles ne contiennent ni sulfure ni acide carbonique. Elles sont très rares. Il est douteux qu'un
examen plus attentif laisse subsister dans cette
classe celles qui doivent encore y être classées aujour-
d'hui.

> Eau de Leamington (Angleterre).
> — Larochepozay (Vienne).
> — Montbrun (Drôme).
> — Pietra Polla (Corse).

Eaux sulfhydratées.

Le sulfure de sodium est leur minéralisateur le
plus commun. Elles ont peu d'odeur, ne noircissent
pas à distance le papier chargé d'acétate de plomb,
ne précipitent pas en jaune l'acide arsénieux, et ne perdent pas leur caractère sulfuré par l'ébullition. Ces
eaux ont cela de remarquable qu'elles sont toutes
thermales, qu'elles sourdent des terrains primitifs;
qu'elles dégagent spontanément du gaz azote à la
source; toutes tiennent en dissolution une matière
animalisée (barégine) qui s'en dépose en gelée, et dans

laquelle s'organise, sous l'influence de l'air et de la lumière, une conferve d'ordre inférieur à laquelle M. Fontan a donné le nom de sulfuraire. Ces eaux, qui ont peu d'odeur à la source, en prennent à quelque distance, parce que l'acide carbonique de l'air décompose le sulfure alcalin et forme du gaz sulfhydrique ; l'oxigène agit aussi et transforme les sulfures en hyposulfite, sulfite et sulfate. Ces eaux perdent ainsi leurs caractères sulfureux, mais la présence de la sulfuraire dénote assez l'origine de ces sources dégénérées.

En outre du sulfure de sodium, ces eaux contiennent de la soude. C'est à ces quatre éléments : sulfure, barégine, soude, température, qu'elles doivent leurs propriétés.

Voici les principales sources :

	Degrés.
Acqui (Piémont)	75
Arles (Bouches-du-Rhône)	43 à 46
Ax (Ariége)	17 à 31
Bagnères de Bigorre (Hautes-Pyrénées)	14 à 18
Bagnères de Luchon (Haute-Garonne)	17 à 56
Bains près Arles (Bouches-du-Rhône)	43 à 61
Barèges (Hautes-Pyrénées)	28 à 42
Bennes (Hautes-Pyrénées)	31 à 33
Caldaniccia (Corse)	40
Cauterets (Hautes-Pyrénées)	31 à 33
Eaux Chaudes (Basses-Pyrénées)	11 à 35
Escaldas (Pyrénées-Orientales)	33 à 42
Lapreste (Bouches-du-Rhône)	44
Moligt (Pyrénées-Orientales)	37,5

Saint-Sauveur (Hautes-Pyrénées)..   34,5
Tuez (Pyrénées-Orientales)............   45
Vaudier (Piémont) .. ..   »
Vernet (Pyrénées-Orientales....... ....   31 à 47
Vinça (Pyrénées-Orientales)...........   23,5

Eaux acidules sulfhydriquées.

Les eaux acidules sulfhydriquées sont minéralisées par l'acide sulfhydrique et par l'acide carbonique. Elles noircissent le papier d'acétate de plomb; leur odeur est hépatique. Quand on les fait bouillir et qu'on fait passer le gaz successivement dans une dissolution d'acétate acide de plomb et dans du chlorure de calcium ammoniacal, il se fait un précipité noir de sulfure de plomb dans le premier vase et un précipité blanc de carbonate de chaux dans le second. On peut encore recevoir le gaz sous le mercure dans une cloche graduée et y introduire un tube barbouillé de colle que l'on a roulé dans du peroxide de manganèse en poudre. En quelques minutes tout l'hydrogène sulfuré est absorbé; l'acide carbonique reste. Ce procédé donné par M. Gay-Lussac permet en quelques instants de faire la séparation des deux gaz. A cette division appartiennent les espèces suivantes :

THERMALES.	TEMPÉRATURE.
	Degrés.
Aix-la-Chapelle (Prusse)............	57
Ali (Sicile)....	40
Allevard (Isère)....................	16

Baden (Autriche)...................	31 à 35
Baden (Suisse)....................	41 à 52
Bagnols (Lorèze)..................	45
Bagnols (Orne)...................	27
Cambo (Basses-Pyrénées)..........	23
Chianciano (Toscane).............	37,5
Digne (Basses-Alpes).............	33 à 42
Evaux (Creuse)..................	39 à 50
Gréoulx (Basses-Alpes)...........	38
Guitera (Corse).................	40 à 45
Harrogate (Angleterre)...........	54
Lavey (Vaud)....................	45
Naples.........................	76 à 77
Rapolana (Toscane)...............	»
Saint-Honoré (Nièvre)............	33,7
San Antonio das Laïpas..........	33
San Antonio de Guagno (Corse)....	35
San-Diégo (Cuba)................	21 à 35
Saturnia (Etrurie)...............	»
Sclafani (Toscane)...............	26
Schinznach (Suisse)..............	31

FROIDES.

Abensberg (Bavière).

Almanthausen (Bavière).

Castelleto Adorno (Toscane).

Cheltenham (Angleterre).

Elisen (Allemagne).

Euret (Gard).

Gamarde (Landes).

Gex (Suisse).

Guillon (Doubs).

Meinberg (Westphalie).
Montmirail (Marne).
Neundorf (Hesse).
Neumarck (Bavière).
Purrichello (Corse).

Eaux acidules sulfurées.

Les eaux acidules sulfurées contiennent en même temps un sulfure alcalin, de l'hydrogène sulfuré et de l'acide carbonique. Elles sont presques toutes froides ; elles proviennent d'eaux salines chargées de sels, et en particulier de sulfates. En traversant des terrains chargés de matières organiques, les sulfates ont perdu leur oxigène, et sont passés à l'état de sulfure ; tandis que l'oxigène a formé de l'acide carbonique avec le carbone des matières végétales. L'air, en agissant sur ces eaux, fait passer le sulfure à l'état d'hyposulfite.

A cette classe d'eaux minérales appartiennent les espèces suivantes :

Argelès (Hautes-Pyrénées).
Chamounix (Savoie).
Convalet (Gard).
Enghien (Seine-et-Oise).
Garris (Basses-Pyrénées).
Lacaille (Savoie).
Samoens (Savoie).
Urrage (Isère).

Il est probable qu'un nouvel examen ferait rappeler à cette division une partie des eaux qui figurent actuellement parmi les acidules hydrosulfuriqués.

Eaux sulfureuses ferrugineuses.

La présence d'une proportion notable de sel de fer donne à ces eaux un caractère et des propriétés spéciales. Les éléments principaux sont: un sel de fer, l'acide carbonique et l'hydrogène sulfuré. Au nombre de ces eaux sont les suivantes :

> Aumale (Seine-Inférieure).
> Betaille (Corrèze).
> Bugnerie-Saint–Félix (Lot).
> Fistel (Westphalie).
> Hermannsbad (Prusse).
> Langenbrucken (Bade).
> Lauchstaed (Prusse).
> Neumarkt (Bavière).
> San Albino (Toscane).
> Sylvanès (Aveyron).

CINQUIÈME CLASSE.

EAUX IODURÉES OU BROMURÉES

La présence du brôme et de l'iode dans une eau minérale donne à celle-ci des propriétés médicinales si spéciales et si prononcées que je n'ai pas hésité à en faire une classe particulière. En me fondant sur la nature des principes qui accompagnent les brômures et les iodures j'en forme trois sections naturelles, savoir: les eaux salines, les eaux acidules et les eaux sulfurées.

1° Eaux salines.

Bourbonne (Haute-Marne).
Bourbon-l'Archambault (Allier).
Creutznach (duché du Rhin).
Heilbrunn (Bavière).
Kissingen (Bavière).
Mer.
Munster (Haut-Rhin).
Puits de Saragosse.
Sales (Piémont).
Saliès (Basses-Pyrénées).
Salines des Andes.
—   du Jura.

2° Eaux salines acidules.

Gurgitello (golfe de Naples).
Hambach (duché d'Oldenbourg).
Ischia (golfe de Naples).
Montechia (Naples).
Saratoga (États-Unis).
Schwollen (duché d'Oldembourg).
Tatenhausen (Westphalie).

3° Eaux sulfureuses.

Aix (Savoie).
Castellamare (Naples).
Castel novo d'Asti (Piémont).
Challes (Savoie).

SIXIÈME CLASSE

EAUX ACIDES.

Ces eaux minérales ne sont pas employées en médecine. Dans le voisinage des volcans elles contiennent surtout l'acide sulfurique, l'acide sulfureux et l'acide hydrochlorique, quelquefois mêlés de sulfate d'alumine. A cette classe appartiennent :

L'eau de RioVinagre ;

L'eau du cratère du mont Idienne à Java,

L'eau d'Abano, près de Padoue.

Les eaux chargées d'acide borique des lagonis de Toscane doivent être rangées dans la même classe.

§ IV. Eaux minérales artificielles.

Les eaux minérales sont les eaux des sources naturelles auxquelles une haute température et la nature des substances dissoutes donnent des caractères particuliers qui les rendent souvent impropres aux usages ordinaires de la vie, mais qui leur communiquent des propriétés spéciales dont la médecine peut tirer partie pour la guérison des maladies.

Les avantages que les malades retirent des eaux minérales quand ils les boivent à la source même, ne sont révoqués en doute par personne. A l'action propre qui appartient aux eaux, se joint l'influence souvent salutaire des circonstances accessoires, telles que la distraction produite par le voyage, le changement d'une vie molle en une vie d'exercice. Mais l'état des malades, et plus encore les frais considérables que nécessiterait leur transport jusqu'aux sources, sont des obstacles qui ne s'opposent que trop souvent à ce que l'on puisse user de ce genre de médication; on a cherché à y parer en transportant l'eau auprès du malade lui-même; mais il faut bien dire que l'absence des mêmes conditions amène une grande différence dans les résultats. La nature de l'eau peut être changée, soit que toutes les précautions convenables n'aient pas été prises pour sa conservation, ou que l'eau soit elle-même de nature si altérable qu'aucune précaution ne puisse empêcher sa décomposition. On a tout lieu de croire, en outre, pour certaines de ces eaux, que l'effet en est différent pour le malade, lorsqu'il ne les prend pas dans les mêmes circonstances, lorsqu'un exercice convenable au milieu d'un air pur n'accompagne pas ou ne suit pas l'ingestion de l'eau, lorsque cette eau est bue froide, au lieu d'être prise en même temps chaude et acidule, comme on la rencontre souvent à la source.

Les changements que les eaux naturelles transportées loin de la source éprouvent souvent dans leur nature, ont amené la création d'un art nouveau, celui de l'imitation des eaux naturelles ; bientôt l'enthousiasme des uns et l'intérêt des autres a été si loin, que l'on n'a pas craint d'avancer que, dans la fabrication des eaux minérales, l'art avait surpassé la nature. Une polémique s'est établie entre les défenseurs des eaux naturelles et les partisans des eaux artificielles ; et, comme de coutume, chacun de son côté a eu en même temps tort et raison.

La discussion de cette question ne saurait s'établir qu'entre les eaux transportées loin de la source et les eaux artificielles ; car il est de toute évidence que si les bonnes propriétés d'une eau minérale sont constatées, en outre des avantages accessoires que la position géographique de la source peut lui assurer, on ne sera jamais aussi certain de l'avoir pareille à elle-même, que lorsqu'elle sera puisée à sa source même.

Le premier reproche que l'on fait aux eaux minérales transportées au loin, c'est de n'être pas, après ce transport ou quelque temps après, ce qu'elles étaient à la source. Il est certain que quelques unes d'entre elles éprouvent des altérations profondes qui les dénaturent complétement : telles sont toutes les eaux sulfureuses des Pyrénées ; telles sont encore une grande partie des eaux qui contiennent des matières glaireuses. L'eau de Plombières, celle de Luxeuil, exhalent bientôt une odeur fétide quand elles sont conservées longtemps dans les dépôts ; la même chose arrive, quoique plus tard, aux eaux de Vichy. Quand une eau contient des sulfates et des matières organiques, elle devient fétide par la transformation des sulfates en sulfures alcalins. On a de nombreux exemples de cette décomposition, et même quelques sources sulfureuses naturelles paraissent se former par une décomposition de ce genre; je citerai l'eau d'Enghien. M. Henry a vu ce genre de décomposition se produire dans l'eau de Passy et dans l'eau de Billazai conservées en bouteilles. M. Caventou attribue aussi à quelques matières organiques, à quelques débris de paille laissés par mégarde dans les bouteilles, l'altération du même genre qui s'observe quelquefois dans l'eau de Seltz transportée.

Il faut remarquer, toutefois, que ce reproche de mauvaise conservation ne s'applique qu'à un nombre assez restreint d'eaux minérales, et que d'autres, en bien plus grand nombre, se conservent sans altération quand elles ont été puisées et bouchées avec le soin convenable. On peut s'en rapporter, pour ces précautions, aux propriétaires des établissements qui ont incessamment intérêt à assurer la conservation des eaux qu'ils expédient.

On a fait encore aux eaux naturelles le reproche de varier dans leur composition; l'on a mis en opposition l'avantage que présentent les eaux artificielles de pouvoir être préparées sur une formule fixe qui les rend toujours complétement identiques. On ne saurait douter, il est vrai, que les proportions des matières salines de certaines eaux minérales ne soient susceptibles de varier; le fait est bien constaté pour quelques unes d'elles (Spa, Forges, Seltz, etc.). Je suis même convaincu qu'il en est de même pour toutes. Malgré ce qu'on a dit de l'extrême fixité de composition de ces eaux, je pense que la proportion relative des matières salines et de l'eau n'y est pas constamment la même; car, en supposant que la source profonde ne change jamais, ce dont il est permis de douter, on ne saurait nier toutefois qu'elle se mêlera, la plupart du temps, avec les eaux superficielles en des proportions qui varieront, et avec la localité et avec la saison. Je ne crois pas qu'il faille chercher ailleurs la cause des différences légères que l'on a observées entre des sources voisines qui ont évidemment une origine commune, et qui ne présentent entre elles que de légères différences de température ou de composition. Il faut remarquer toutefois que les différences de composition que l'on peut observer dans une même source sont fort légères, et par cela même peu importantes pour l'emploi médical; car enfin il s'agit d'administrer une matière médicamenteuse à des doses reconnues bonnes, mais qui ne peuvent jamais être fixées d'une manière absolument rigoureuse.

Les partisans exclusifs des eaux naturelles ont attaqué à leur tour les eaux artificielles avec une alliance de bonnes et de mauvaises raisons. Il suffit de rappeler leurs idées sur les propriétés occultes des sources de la nature, sur les lois particulières de combinaisons suivant lesquelles elles seraint formées, sur la nature toute spéciale du calorique dont elles seraient chargées. Je dois dire quelque chose d'une autre opinion, qui n'est pas mieux fondée, sur la manière d'être de l'acide carbonique dans ces eaux. On assure qu'elles conservent ce gaz avec plus de tenacité, et que, lorsque des eaux gazeuses naturelles et des eaux gazeuses artificielles sont exposées en même temps à l'air libre, les premières gardent plus long-temps leur saveur aigrelette. J'ai fait, de concert avec MM. Orfila et Barruel, une expérience comparative sur l'eau de Saint-Alban, et nous n'avons rien vu de pareil. Il est vrai qu'au lieu de déboucher brusquement la bouteille d'eau artificielle, et de produire un bouillonnement rapide, qui enlève mécaniquement à l'eau beaucoup de gaz, nous nous sommes contentés de faire au bouchon de chacune des bouteilles une ouverture fort petite, par laquelle la pression intérieure et la pression extérieure se sont fort lentement mises en équilibre; c'est alors seulement que nous avons exposé comparativement les deux eaux à l'action de l'air.

La plus forte objection que l'on ait pu faire contre la substitution des eaux artificielles aux eaux naturelles, c'est l'incertitude où nous serons toujours, pour quelques unes d'elles, que l'analyse ait fait connaître exactement et la nature et la quantité des éléments qui se trouvent dans ces eaux, et l'impossibilité où nous sommes de reproduire fidèlement certains composés qui s'y trouvent.

Il faut convenir que, parmi les analyses d'eaux minérales que nous possédons, il en est beaucoup qui ne sont pas l'ouvrage de chimistes assez expérimentés ; il faut dire encore que beaucoup d'entre elles ont été faites loin des sources, sans garantie parfaite des précautions qui avaient pu être prises pour mettre l'eau dans les bouteilles, sans connaissances suffisantes des circonstances particulières des localités, ou des phénomènes particuliers qui ne peuvent être observés que sur les lieux mêmes. Quel que soit d'ailleurs le talent du chimiste qui s'est occupé de ce genre de recherches, on ne peut se défendre de conserver des doutes sur les conclusions qu'il tire de ses expériences, s'il n'a puisé lui-même l'eau minérale dont il s'est servi, s'il n'a observé avec soin toutes les circonstances qui accompagnent sa sortie ou qui se présentent à quelque distance de la source, s'il n'a fait sur les lieux mêmes une partie des expériences qui sont nécessaires pour arriver à connaître exactement la composition de l'eau minérale qu'il étudie. Aussi doit-on regretter vivement que, pour un motif mesquin d'économie, le gouvernement ait interrompu les travaux d'analyse que M. Lonchamp avait commencés avec tant de succès.

Quelle que soit l'habileté du chimiste qui se sera occupé d'analyser une eau minérale, on pourra douter encore qu'il ait tout vu, car la science marche et fait naître de nouveaux moyens d'investigation. C'est ainsi qu'elle a prouvé un jour que beaucoup d'eaux que l'on croyait minéralisées par l'hydrogène sulfuré, l'étaient par des sulfures alcalins ; qu'elle a fait trouver dans les eaux minérales l'iode et le brôme, agents actifs, et dont on ne pouvait y soupçonner l'existence. Sous ce rapport, une eau artificielle ne peut être regardée comme l'égale de l'eau naturelle qu'elle est appelée à représenter, qu'autant qu'une expérience médicale, longtemps continuée, a démontré l'identité de leurs effets.

De l'état actuel de nos moyens d'analyse résulte encore un autre doute sur la possibilité d'imiter les eaux naturelles. Personne ne nie que les sels que nous obtenons dans nos opérations ne soient pas toujours ceux qui étaient en dissolution dans l'eau ; et si l'on en doutait, il suffirait de voir qu'une même eau fournit des substances salines différentes, quand on modifie les procédés analytiques. Il est vrai que Murray a admis, et beaucoup de personnes avec lui, que dans une dissolution, ce sont les combinaisons les plus solubles qui existent, et que les quantités de chaque base et de chaque acide étant données, on doit interpréter l'état des sels en ce sens, que les plus solubles se trouvent réellement en dissolution. Mais c'est là une hypothèse gratuite ; il faut convenir que souvent nous ne pouvons apprécier avec exactitude la manière dont les éléments salins sont réunis entre eux.

Il existe en outre, dans certaines eaux minérales,

des matières spéciales produites par un concours de circonstances que nous ne pouvons reproduire de manière à introduire ces matières dans nos eaux artificielles ; telles sont, pour la plupart du temps, les substances désignées sous le nom de résine, bitumes, matière extractive huileuse ou azotée, barégine, etc. Elles concourent certainement aux propriétés des eaux minérales, soit par elles-mêmes, soit par les combinaisons qu'elles ont contractées avec d'autres principes appartenant à ces eaux.

Pour résumer cette discussion, je dirai que les eaux minérales naturelles doivent être préférées aux eaux artificielles, toutes les fois qu'elles peuvent être conservées longtemps sans altération ; que l'on peut employer indifféremment les unes ou les autres dans les cas où l'on peut arriver à une imitation complète, savoir : quand l'eau naturelle a été analysée par un chimiste habile, et que cette analyse a servi de base à la fabrication de l'eau artificielle, lorsque rien dans la composition de l'eau naturelle n'annonce la présence de matières que nous ne pouvons former artificiellement, ou ne fait soupçonner l'existence de quelque principe qui aurait pu échapper à l'analyse ; enfin lorsqu'une étude comparative et longtemps continuée des propriétés médicinales des deux espèces d'eaux, a montré l'identité de leur action sur l'économie vivante.

Il est quelques cas où les eaux artificielles doivent être préférées : ainsi, en chargeant d'un grand excès

d'acide carbonique les eaux ferrugineuses et les eaux
salines, on les rend moins rébutantes, plus digesti-
ves pour le malade, sans affaiblir leurs autres propriétés ; ainsi, l'eau de Seltz, chargée d'un excès de
gaz, est plus propre, dans bien des cas, à faciliter
la digestion que l'eau naturelle qui est à peine acidule : c'est dans ce cas que l'on peut dire réellement
que l'art a surpassé la nature.

Quelque idée que l'on se fasse d'ailleurs de l'analogie que peuvent présenter entre elles les eaux naturelles et les eaux artificielles, on ne saurait se
refuser à convenir que celles-ci rendent journelle-
ment de grands services à l'art de guérir. Beaucoup
d'entre elles sont réellement des imitations grossières
de la nature ; mais elles constituent des médicaments
nouveaux dont l'usage a consacré le bon emploi.

La fabrication des eaux minérales présente quelques difficultés, à cause du nombre considérable des
corps que l'on peut avoir à introduire dans ces eaux.
Pour mettre de l'ordre dans ce travail et en rendre
l'étude plus facile, j'examinerai d'abord les procédés généraux de fabrication, puis je donnerai les
moyens de préparer chaque espèce d'eau minérale
en particulier. La fabrication, considérée d'une manière générale, se compose de manipulations spéciales, et de considérations qui s'appliquent au
moyen d'introduire dans les eaux certaines séries de
corps. Je traiterai successivement de l'introduction
de l'acide carbonique dans les eaux, ou de la prépa-

ration des eaux gazeuses simples ; des moyens propres à introduire dans les eaux les matières salines, la silice ou les substances organiques.

DE LA PRÉPARATION DE L'EAU GAZEUSE.

L'acide carbonique que l'on introduit dans les eaux s'obtient par l'action de l'acide sulfurique ou de l'acide chlorhydrique sur le carbonate de chaux. Il se fait du sulfate ou du chlorhydrate de chaux, et l'acide carbonique est mis en liberté. On se sert de marbre blanc ou de craie : dans le premier cas, c'est à l'acide chlorhydrique que l'on a recours ; on l'étend de son poids d'eau, pour qu'il ne répande plus de vapeurs acides. Son action sur le marbre est régulière, parce que le marbre, qui est compacte, ne se laisse attaquer que peu à peu par l'acide ; mais l'action continue à se produire tant qu'il y a de l'acide libre, parce que le chlorhydrate de chaux qui se forme sans cesse, étant un sel très soluble, est dissous à mesure par la liqueur, et livre toujours la surface nue du marbre à l'action de l'acide décomposant. Avec le même carbonate, l'emploi de l'acide sulfurique serait moins bon ; il formerait bientôt à la surface du calcaire une couche de sulfate de chaux insoluble, qui mettrait obstacle au contact intime de l'acide avec le carbonate ; l'action cesserait, ou ne marcherait qu'avec beaucoup de lenteur.

Lorsque l'on a à sa disposition de l'acide chlorhydrique de bonne qualité, il est assez indifférent d'avoir recours à l'un ou à l'autre procédé ; c'est la valeur commerciale des acides qui fait donner la préférence à l'un ou à l'autre; mais à Paris, où les acides chlorhydriques sont, depuis quelques années, très chargés d'acide sulfureux, les fabricants d'eaux minérales ont donné la préférence à l'acide sulfurique, qui fournit un gaz carbonique plus facile à laver. On peut cependant, suivant la méthode que M. Girardin de Rouen nous a fait connaître, utiliser l'acide chlorhydrique chargé d'acide sulfureux, en faisant passer dans l'acide impur du commerce du chlore, qui change l'acide sulfureux en acide sulfurique. Mais encore faut-il prendre toutes les précautions pour qu'il ne reste pas un excès de chlore.

Veut-on produire l'acide carbonique au moyen du marbre, on emploie celui-ci en fragments, et l'on fait agir l'acide chlorhydrique assez étendu d'eau pour qu'il cesse d'être fumant.

On a rarement recours à l'action de l'acide chlorhydrique sur la craie, parce que ce carbonate étant très divisé, et le sel qui résulte de sa décomposition étant soluble, la décomposition s'établirait presque instantanément sur tous les points à la fois, le gaz carbonique se dégagerait avec violence, et le dégagement cesserait presque aussitôt pour reparaître de nouveau tumultueusement lors de l'affusion d'une nouvelle quantité d'acide. L'opération ne marcherait pas d'une manière régulière.

Pour produire le gaz carbonique, au moyen de l'acide chlorhydrique et du marbre, on se sert de l'appareil ci-contre.

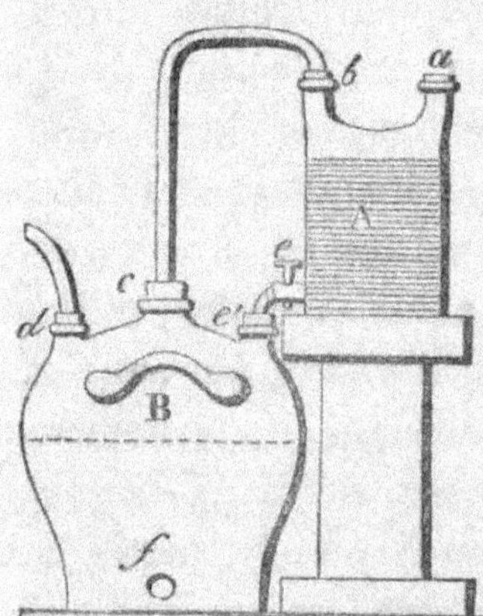

A est un flacon de 20 à 25 litres, destiné à recevoir l'acide chlorhydrique ; la tubulure *a* reste fermée, et ne s'ouvre que lorsque l'acide est consommé et que l'on veut en introduire de nouveau ; la tubulure *b* est munie d'un tube en plomb bien fixé avec un bouchon ; ce tube se replie sur lui-même, et vient s'adapter à la tubulure *c* de la bonbonne de grès B, où il ne pénètre qu'environ de l'épaisseur du bouchon.

B est une bonbonne en grès, à trois tubulures supérieures *c d e'*, et à une tubulure inférieure *f*. On remplit aux trois quarts cette bonbonne avec du marbre cassé par morceaux ; la tubulure *d* porte un tube de plomb qui va porter le gaz carbonique en dehors du vase de production ; *c* reçoit le tube qui établit la communication entre la partie supérieure de A et celle de B ; *e'* reçoit l'extrémité d'un robinet en verre qui est solidement fixé dans la tubulure *e* du vase A. Suivant que l'on ouvre ou que l'on ferme le robinet, on établit ou l'on arrête l'écoulement de l'acide sur le marbre. Le tube qui va de *b* en *c* établit une communication entre l'atmosphère gazeuse des deux vases, de manière à ce que l'augmentation de pression qui se manifeste en B par la production du gaz se fasse sentir également en A, et qu'elle ne fasse pas obstacle à l'écoulement de l'acide sur le marbre. *f* sert à vider le chlorure de calcium qui s'est formé.

Quand on emploie pour produire le gaz acide carbonique l'acide sulfurique, on se sert toujours de la craie ; on pulvérise celle-ci, on la délaie dans l'eau, de manière à en faire une bouillie claire (une partie de craie et trois parties et demie d'eau), et l'on y verse par parties l'acide sulfurique concentré : on renouvelle les surfaces au moyen d'un agitateur.

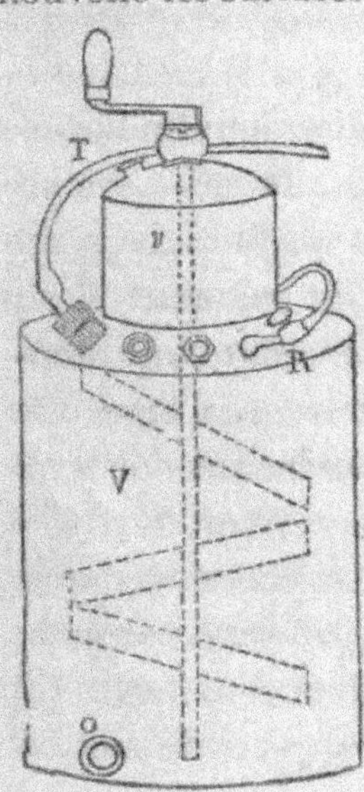

Pour opérer avec l'acide sulfurique, on se sert avec avantage de l'appareil suivant. C'est un vase en plomb V dans lequel on introduit par une tubulure de la craie pulvérisée et délayée dans trois fois et demie son poids d'eau.

Un vase plus petit *v* est placé au-dessus du premier, avec lequel il est soudé, et sert de réservoir à de l'acide sulfurique concentré. On fait tomber l'acide sur la craie en ouvrant le robinet R : la communication entre l'atmosphère des deux vases est établie par un tuyau en plomb intérieur.

Un conduit en plomb creux, qui traverse le vase supérieur, donne passage à un agitateur en cuivre, que l'on met en mouvement au moyen d'une manivelle, et qui sert à renouveler les surfaces entre l'acide et la craie.

Le lavage du gaz acide carbonique est une opération importante : il a pour effet de débarrasser ce gaz des portions d'acide étranger qu'il a pu entraîner 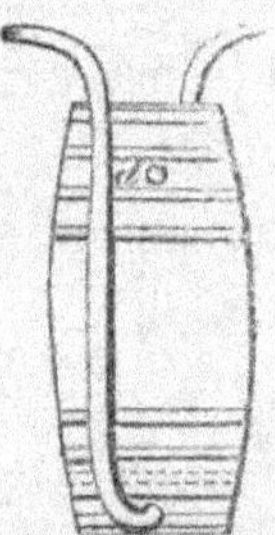 avec lui. Ce lavage peut se faire de diverses manières : je me sers d'un tonneau en bois, étroit et profond ; un tube amène le gaz jusqu'au fond du tonneau ; celui-ci est rempli d'eau jusqu'à la douille d, qui sert à reconnaître quand la quantité d'eau introduite dans le tonneau est assez considérable. Le gaz à son arrivée est obligé de traverser un diaphragme percé de petits trous placé au fond du tonneau ; il s'y divise en très petites bulles, et présente ainsi beaucoup de surface à l'eau qui doit le débarrasser des acides étrangers. On peut se contenter aussi de remplir le tonneau de lavage avec des cailloux de rivière qui remplissent le même objet ; quelques personnes se servent d'une dissolution de bicarbonate de soude, et font usage alors d'un vase laveur plus petit. Un autre tube, partant de la partie supérieure du tonneau, va porter le gaz lavé sous le gazomètre. Le lavage est du reste d'autant plus facile, que l'on a délayé dans une quantité d'eau plus grande la craie destinée à fournir l'acide carbonique.

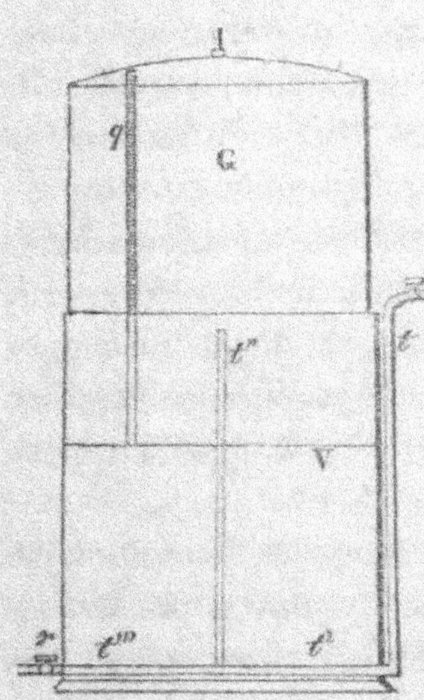

Le gazomètre se compose d'un grand vase V cylindrique en cuivre étamé (il peut être fait en bois) que l'on remplit d'eau, et d'une cloche renversée en cuivre étamé C, qui est tenue en équilibre au moyen d'un contrepoids. Le gaz arrive dans la cloche par le tube $t\ t'\ t''$; il en sort par le tube $t''\ t'''$ quand le robinet r est ouvert et que la pompe aspirante est mise en jeu.

Quand on a besoin de connaître exactement la quantité de gaz que l'on emploie, la cloche du gazomètre est armée d'une règle graduée q, qui fait connaître le nombre de litres de gaz contenus dans le gazomètre On observe sur la règle le point qui affleure la surface de l'eau.

Pour introduire l'acide carbonique dans les eaux minérales, comme l'eau dissout un volume égal au sien d'acide carbonique, on pourrait se contenter de saturer les eaux de gaz acide carbonique sous la pression ordinaire ; mais l'habitude qu'ont les consommateurs des eaux mousseuses et sursaturées, a fait de l'emploi des appareils de compression une nécessité de la fabrication actuelle.

Deux systèmes différents sont mis en usage. Dans l'un, une pompe aspirante et foulante va puiser le gaz dans un réservoir ou gazomètre où il est contenu sous la pression ordinaire, et le refoule dans un appareil fermé. Dans l'autre système, l'acide carbonique n'est pas produit dans un appareil séparé, et la compression se trouve exercée par le gaz lui-même. Les appareils où l'on produit le gaz éprouvent nécessairement des modifications, selon que l'on opère suivant l'un ou l'autre système.

Quand on prépare le gaz à part, la disposition des appareils qui servent à le produire n'est pas liée intimement à la fabrication de l'eau gazeuse, et l'on peut assez indifféremment avoir recours à un procédé ou à un autre ; mais quand la compression du gaz doit être exercée par le gaz lui-même, la disposition des vases dans lesquels l'acide carbonique est produit est liée nécessairement aux autres parties de l'appareil : nous nous en occuperons en traitant de ce système de fabrication.

Dans le premier système de fabrication, celui où le gaz acide carbonique n'est pas refoulé par lui-même, l'acide carbonique est enlevé au moyen d'une pompe aspirante et foulante qui est mise en jeu par des moyens mécaniques différents ; le gaz puisé dans le gazomètre sous la pression ordinaire, est refoulé fortement dans un tonneau épais, en des proportions qui varient avec la nature de l'eau que l'on veut obtenir.

Cette manière de dissoudre le gaz carbonique dans l'eau se rattache à deux procédés différents. Dans l'un, que l'on peut appeler *Procédé de fabrication interrompue ou de Genève*, le récipient dans lequel l'eau se charge d'acide carbonique est d'une assez vaste capacité, et, quand tout l'acide carbonique a été introduit, on soutire l'eau gazeuse pour recommencer ensuite une nouvelle opération. Dans le second procédé, que l'on peut appeler *Procédé de fabrication continue ou de Bramah*, d'après le nom de son inventeur, le récipient qui reçoit l'eau et le gaz est d'assez petite dimension; mais, du moment qu'une certaine quantité d'eau gazeuse y a été préparée, la fabrication continue à marcher sans interruption. A mesure que l'ouvrier retire une partie du produit fabriqué, la pompe refoule dans l'appareil une nouvelle quantité d'eau et de gaz pour remplacer l'eau gazeuse qui est sortie.

Nous allons étudier successivement, 1° le système de Genève; 2° le système de Vernaut et Barruel, ou système avec le gaz comprimé par lui-même qui se lie intimement au précédent; 3° le système de Bramah.

SYSTÈME DE GENÈVE.

Le système de Genève est aujourd'hui le moins usité de tous; c'est par lui cependant que je commencerai l'histoire de la fabrication des eaux minérales, parce que son étude présente plus nets et plus indépendants les uns des autres les phénomènes avec lesquels le fabricant d'eaux minérales doit se familiariser. Il est aux autres appareils de fabrication ce que la machine de Watt est aux machines à vapeur, le moyen le plus simple de préluder à l'étude 'de systèmes plus difficiles.

Le système de Genève consiste, avons-nous dit, à refouler dans un récipient plein d'eau du gaz acide carbonique qui s'y comprime, se dissout dans l'eau, et la rend mousseuse et pétillante. Pour bien faire concevoir ce genre de phénomènes, quelques explications sont indispensables.

L'air, ou le gaz carbonique, ou tout autre gaz renfermé dans un vase, presse en tous sens la paroi de ce vase; cette pression n'est pas toujours la même; elle peut aller jusqu'à rompre les parois du vase, si celles-ci ne sont pas assez résistantes. La pression ainsi exercée par l'air dans les circonstances ordinaires, équivaut à 1 kilogramme par centimètre cube de surface. On la dit égale à 76 centimètres de mercure, parce qu'en effet elle suffirait à soutenir une colonne de mercure de cette hauteur; on l'appelle assez souvent une atmosphère de pression, parce qu'elle est précisément la pression habituelle de l'atmosphère terrestre. Un gaz est dit avoir une pression de 76 centimètres, ou 1 atmosphère de pression, quand il fait sur les parois des vases un effort égal à l'effort ordinaire de l'air atmosphérique.

Or, quand un gaz est renfermé dans un vase et y exerce cette pression de 76 centimètres, si, par un moyen quelconque, on vient à en introduire une nouvelle quantité, la pression augmente. Un volume de gaz ajouté à un même volume de gaz donne une pression double, deux volumes une pression triple, etc., la pression augmentant toujours proportionnellement au gaz contenu dans le même espace. L'espace restant le même, on a les rapports de pression suivants :

1 volume de gaz.		Pression	76 c.	ou	1 atmosphère.
2	—	—	152	—	2	—
3	—	—	228	—	3	—
4	—	—	304	—	4	—
5	—	—	380	—	5	—
6	—	—	456	—	6	—
7	—	—	532	—	7	—
8	—	—	608	—	6	—
9	—	—	684	—	9	—
10	—	—	760	—	10	—

Le volume de gaz contenu dans une enveloppe étant connu, on peut donc calculer ce que doit être la pression, mais inversement ; la pression étant connue, on peut calculer quel est le volume du gaz. C'est la base sur laquelle s'appuie la construction des instruments propres à mesurer la pression des gaz, et qui ont reçu le nom de *Manomètres*.

Un physicien français, Mariotte, a découvert que

lorsque l'on comprime un gaz, son volume change en raison inverse de la pression. Un tube fermé à l'une de ses extrémités, étant plongé dans l'eau par son extrémité ouverte, le liquide ne s'y élève pas, parce que l'air contenu dans le tube a une force élastique pareille à celle de l'air extérieur, et qu'il presse sur la surface du liquide dans le tube autant que l'atmosphère pèse sur la surface de ce liquide en dehors ; l'air intérieur fait équilibre à la pression de l'atmosphère ; en d'autres termes, il est soumis à une pression d'une atmosphère. Si la pression extérieure venait à augmenter (effet qu'il serait facile de produire si l'eau, au lieu d'être en contact avec l'air extérieur, se trouvait en communication avec un vase dans lequel on comprimerait du gaz carbonique), alors l'eau monterait dans le tube jusqu'à ce que le gaz enfermé dans ce tube (diminuant de volume à mesure qu'il est comprimé, et augmentant de ressort à mesure que son volume est diminué) fasse équilibre à la pression extérieure ; à ce moment, si la pression extérieure avait doublé, triplé, quadruplé, la pression du gaz intérieur serait également doublée, triplée, quadruplée : or, suivant la loi de Mariotte, le volume d'un gaz diminuant en raison inverse de la pression, on peut juger de la pression par le volume que le gaz occupe, et comme la pression intérieure et la pression extérieure sont semblables, on jugera sûrement par ce changement de volume dans le tube du changement survenu dans la pression extérieure. Soit 100 le volume occupé par le gaz sous une pression d'une atmosphère, les volumes et les pressions seront dans les rapports suivants :

Pression de 1 atmosphère.				volume 100
2	—		—	50
3	—		—	33
4	—		—	25
5	—		—	20
6	—		—	16,5
7	—		—	14,3
8	—		—	12,5
9	—		—	11
10	—		—	10
11	—		—	9
12	—		—	8,25

La forme que l'on donne le plus habituellement au manomètre est celle-ci :

L'extrémité ouverte de l'appareil est en communication avec le tonneau de fabrication ; si la pression augmente, le mercure est refoulé dans la branche fermée ; on juge de la pression par la diminution du volume de gaz qui s'y trouve renfermé.

Le manomètre dont nous venons de donner la description a l'inconvénient d'être cassant ; il a en outre le désavantage de n'indiquer les différences dans les hautes pressions que par une différence trop petite dans la hauteur du niveau.

M. Savaresse a évité cet inconvénient dans le manomètre qu'il a fait établir.

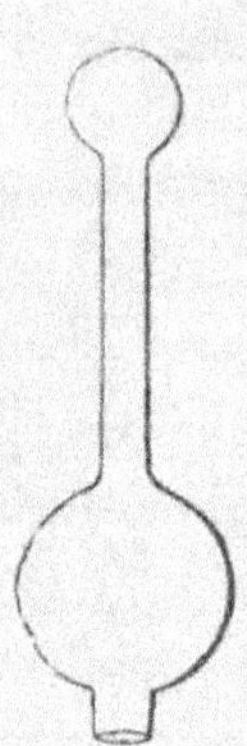

L'instrument n'a guère plus de 4 pouces de hauteur : quand on veut le mettre en action, on le plonge dans un petit vase qui contient de l'eau.

Soit la capacité totale de l'instrument, ou le volume de l'air y contenu sous la pression atmosphérique 100

Soit la capacité de la grosse boule 80

Soit la capacité de la petite boule 10

Soit la capacité de la branche étroite du tube 10

l'instrument ne commencera à donner d'indication exacte que lorsque le mercure montera à la naissance de la partie étroite du tube, ou lorsque le volume du gaz sera réduit à 20; la pression sera alors de 5 atmosphères.

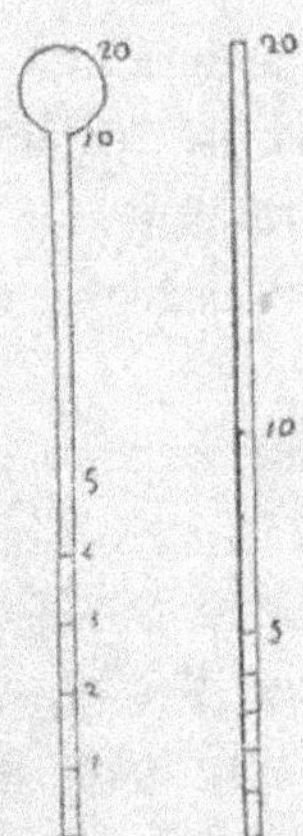

On concevra très bien que les indications du manomètre n'étant nécessaires pour les fabrications des eaux minérales que pour les pressions égales au moins à 5 atmosphères, on a pu, en formant un réservoir inférieur pour le mercure, raccourcir le tube manométrique, et rendre l'appareil moins cassant. La pression vient-elle à augmenter encore, le mercure montera dans la partie supérieure de l'instrument ; or, comme celle-ci est elle-même divisée en deux, de manière à ce que la boule puisse contenir autant d'air que le tube, il en résulte que les écarts indiqués par la colonne de mercure sont plus grands, et par cela même plus sensibles, comme on peut en juger en jetant un coup d'œil sur les deux tubes ci-contre :

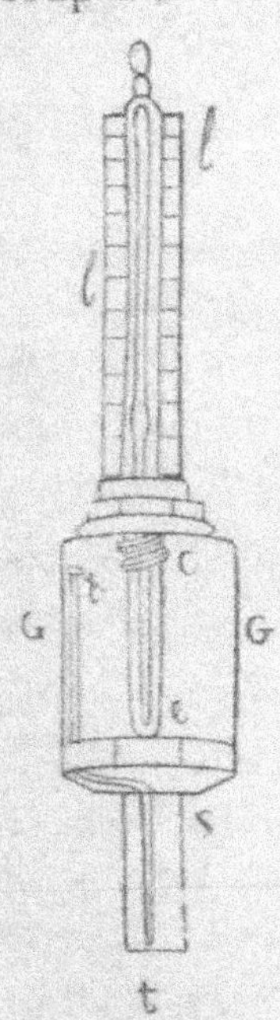

Le tube qui forme le manomètre de Savaresse est scellé dans une garniture en cuivre C et encadré dans une lame de cuivre *l* sur laquelle sont portées les divisions. La garniture en cuivre forme la continuation du tube ; elle est percée d'une petite ouverture à son extrémité *e*. Cette première partie de l'appareil s'adapte à vis dans un godet en cuivre G dans lequel on met de l'eau de manière à ce que l'extrémité de C y soit plongée. G est muni d'un petit tube en cuivre *tt* qui sert à établir la communication entre le manomètre et l'appareil sur lequel celui-ci est adapté au moyen de la vis S.

Le tube du manomètre est plongé dans la cuvette à eau G au moment même où l'on va s'en servir ; la température de l'air qui s'y trouve enfermé est la même que celle de l'air ambiant, ce qui est une garantie de plus de l'exactitude des indications. M. Savaresse a préféré l'eau au mercure, parce qu'elle a l'avantage de ne pas salir le tube ; on l'aperçoit facilement. On la renouvelle à chaque opération.

Nous pouvons maintenant aborder l'étude spéciale de la fabrication de l'eau gazeuse dans l'appareil de Genève.

Dans l'appareil de Genève, le tonneau qui reçoit

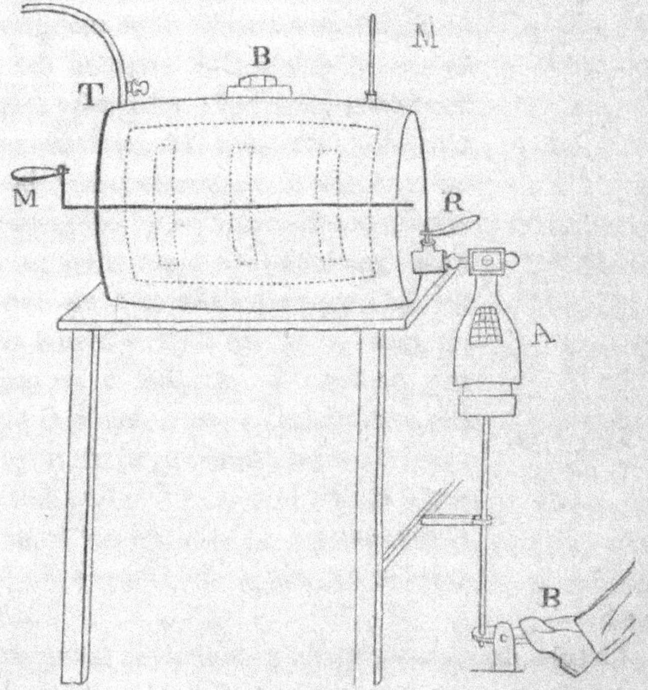

l'eau et le gaz est en cuivre très épais et parfaitement étamé. Sa capacité, qui peut varier, s'élève le plus ordinairement à cent litres. Il est muni à sa partie supérieure d'une ouverture assez grande B, qui se ferme à vis au moyen d'un couvercle que l'on n'ouvre que de temps en temps quand on veut nettoyer à fond l'appareil. Le couvercle de cette ouverture est percé d'une autre ouverture d'environ 6 centimètres de large, qui se ferme par un bouchon en métal qui y entre à vis, dont la tête est carrée, et qui peut être serré facilement à l'aide d'une clef. C'est par cette ouverture, pratiquée au couvercle, que l'on remplit ordinairement le tonneau. Ce tonneau porte en T une tubulure à laquelle vient s'adapter le tube qui amène le gaz carbonique refoulé par la pompe, et qui se ferme à volonté au moyen d'un robinet.

R est un robinet placé à la partie la plus basse du tonneau, et sur la construction duquel nous reviendrons plus tard. Enfin, M est un agitateur à manivelle qui sert à mettre l'eau en mouvement et à faciliter l'absorption du gaz.

Les pièces qui composent l'appareil à Genève sont ainsi disposées : 1° le vase où se produit l'acide carbonique (pag. 79); 2° le tonneau de lavage (pag. 80); 3° le gazomètre (pag. 81); 4° une pompe qui puise le gaz dans le gazomètre et le refoule dans le tonneau; 5° le récipient ou tonneau de fabrication avec son robinet, la pédale B qui sert à maintenir la bouteille, et l'armature A qui garantit l'opérateur. Le mieux est de faire mouvoir la pompe par une roue à volant qui mette en même temps en mouvement l'agitateur. En ce cas, il faut pouvoir rendre indépendants l'un de l'autre le mouvement de la pompe et celui de l'agitateur. J'en donnerai plus tard un moyen très simple.

On remplit complétement le tonneau avec de l'eau pure, et l'on ferme toutes les ouvertures, à l'exception du robinet du tube T; alors, au moyen de la pompe, on commence à refouler de l'acide carbonique sans agiter en laissant le robinet de décharge R entr'ouvert; on déplace ainsi cinq litres d'eau qui se trouvent remplacés à la surface du tonneau par du gaz carbonique. Cette manipulation a pour objet: 1° de laisser un vide qui permette de donner à l'eau un mouvement plus tumultueux lors de l'agitation brusque et instantanée exercée en des sens différents; 2° de former à la surface de l'eau un réservoir plein de gaz sur lequel l'eau puisse constamment agir; 3° d'enlever autant que possible l'air atmosphérique que l'eau n'absorberait que très imparfaitement, qui augmenterait sans utilité la pression superficielle et qui rendrait le jeu des pompes plus difficile. Cette expulsion de l'air est une chose fort utile dans la pratique, et il faut toujours, quand on monte l'appareil à neuf, se débarrasser par un premier courant de gaz de tout l'air contenu dans les vases de lavage et de dégagement et dans les tubes de communication. J'indiquerai encore, comme précaution générale, de placer l'appareil dans un lieu frais, favorable à l'absorption du gaz et qui conserve, été comme hiver, une température moyenne,

A mesure que l'on introduit le gaz carbonique dans le tonneau, il s'accumule à la surface de l'eau, et il se dissout ensuite facilement à l'aide du mouvement imprimé par l'agitateur. C'est une bonne pratique d'entretenir l'agitation pendant tout le temps que dure l'introduction du gaz; le jeu des pompes en devient plus facile.

J'ai observé que la quantité de gaz reste toujours plus grande à la surface de l'eau que dans l'eau elle-même. L'eau dissout un volume égal au sien d'acide carbonique; pour lui en faire dissoudre davantage, il faut que le gaz qui se trouve à la surface du liquide exerce sur celui-ci une pression forte; aussitôt qu'elle cesse, l'acide carbonique contenu dans l'eau se dégage avec effervescence. On pouvait croire que l'équilibre devait avoir lieu quand le gaz carbonique est partagé uniformément dans l'eau et dans l'atmosphère du récipient; il n'en est rien.

Quelque précaution que j'aie prise, je n'ai pu arriver à faire absorber à l'eau une quantité d'acide carbonique égale en volume à celle qui forme l'atmosphère supérieure du tonneau. Lorsque l'eau contient cinq fois son volume de gaz, que, par conséquent, un espace d'un litre en renferme cinq litres, le même espace, dans l'atmosphère gazéiforme, qui est à la surface de l'eau, s'est trouvé presque constamment en contenir six litres. La différence serait bien plus grande si l'on n'avait pas pris la précaution de débarrasser l'appareil de l'air atmosphérique : celui-ci s'accumulant dans le tonneau pourrait exercer quelquefois une pression de 7 à 8 atmosphères sur de l'eau, qui ne serait elle-même chargée que de 3 à 4 volumes de gaz.

On reconnaît la quantité de gaz introduite dans le tonneau en mesurant, au moyen de la règle graduée du gazomètre, le volume de gaz qui a été soutiré ; on reconnaît la pression intérieure en adoptant un manomètre sur le tonneau. Le premier moyen est le plus sûr, parce que la pression n'est jamais en rapport direct avec la quantité de gaz que l'on a fournie à l'eau.

Le premier robinet dont on s'est servi pour tirer l'eau gazeuse, était un robinet garni d'un liége ou d'un morceau de buffle conique, de dimension telle qu'il pût s'adapter sur toutes les bouteilles, malgré les différences de diamètre de leur orifice. Il se prolongeait en une longue tige qui pénétrait jusqu'au fond de la bouteille, et il était muni d'une petite soupape qui livrait passage à l'air de la bouteille et au gaz qui ne pouvait être retenu. Cette longue tige, plongeant dans l'eau gazeuse, était un grave défaut, parce que l'eau, aussitôt qu'elle sort du tonneau, laisse dégager de nombreuses bulles de gaz qui traversent le liquide déjà introduit dans la bouteille, et qui le tiennent dans un état d'agitation qui occasionne la perte d'une forte proportion de gaz carbonique. Le robinet gagne beaucoup dans son emploi à se trouver diminué de toute la tige qui plongeait dans la bouteille ; mais le robinet décrit par Bramah, avec quelques modifications que je lui ai fait subir, est d'un emploi plus avantageux. C'est un robinet ordinaire ayant une douille peu allongée. Cette douille traverse une espèce de capsule renversée à fond plat, dont les bords descendent presque au même niveau que l'orifice du robinet. L'espace laissé entre la douille et les parois de la capsule est rempli avec des rondelles de caoutchouc superposées ; un anneau en cuivre qui se visse sur la capsule de cuivre, refoule les disques de caoutchouc, et s'oppose à ce qu'ils puissent tomber.

Au moyen d'une bascule B que le pied fait mouvoir et qui met en mouvement un support sur lequel la bouteille est posée (voyez la figure page 90), l'opérateur presse la bouteille contre le caoutchouc, et cette pression suffit pour s'opposer à toute issue de gaz. Il ouvre le robinet ; mais aussitôt qu'il s'aperçoit que la pression dans la bouteille s'oppose à l'écoulement de l'eau, il cède avec intelligence pour livrer passage aux gaz intérieurs. Il renouvelle cette manœuvre à plusieurs reprises, jusqu'à ce que la bouteille soit remplie. Alors il ferme le robinet, il tire la bouteille sur le côté, et il y pose rapidement le bouchon. C'est là une manœuvre difficile qui demande une main adroite, et surtout exercée. La qualité de l'eau dépend en grande partie de l'habileté de celui qui la met en bouteilles : s'il n'est pas leste à boucher, une partie de l'eau et du gaz est je-

tée au-dehors, la bouteille est en partie vidée, et
l'eau a perdu une grande partie de son gaz. L'opérateur doit saisir le bouchon par son bout le plus gros,
entre l'index et le médius de la main droite; il appuie le pouce sur le bord de la bouteille pour servir
de régulateur, abaisse le bouchon sur l'orifice, et
le fait entrer par un léger mouvement de rotation.
Il l'enfonce d'abord avec la main, puis il achève de
le faire entrer au moyen d'une tapette en bois. Il
passe aussitôt la bouteille à un aide qui se hâte
d'assujettir le bouchon au moyen d'une ficelle.

Dans la méthode que je viens de décrire, l'eau
s'écoule sous la forte pression qui existe dans l'intérieur du tonneau : elle est lancée avec violence dans
la bouteille; en outre, il faut ouvrir une issue au
gaz de la bouteille tandis qu'elle se remplit, deux
circonstances qui ont pour effet de faire perdre à
l'eau acidule une assez grande quantité du gaz
qu'elle contient. J'ai trouvé le moyen de remédier à
ces deux inconvénients, en faisant construire un robinet qui établit une communication entre l'intérieur
de la bouteille qui s'emplit, et l'atmosphère intérieure du tonneau : dans ce système, à peine le robinet est-il ouvert que l'égalité de tension s'établit
des deux côtés; l'eau gazeuse s'écoule alors lentement, sans éprouver d'autre agitation que celle qui
résulte de sa propre chute par un petit orifice, et
sous la pression d'une seule atmosphère. Une longue
pratique m'a confirmé tous les avantages que l'on
retire de cette construction.

Le robinet qui amène à ce résultat est terminé comme celui de Bramah; mais il a deux conduits intérieurs, l'un qui est destiné à l'écoulement du liquide, l'autre qui établit la communication entre l'atmosphère de la bouteille et celle du tonneau.

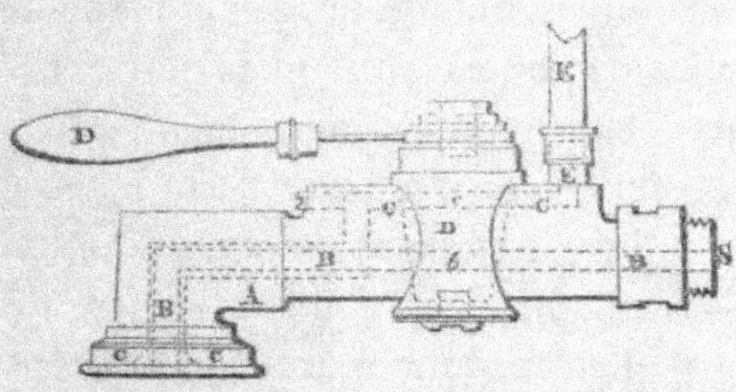

A est le corps du robinet qui s'adapte sur le tonneau par un pas de vis.

BB est un conduit en argent qui traverse le robinet dans toute sa longueur, et qui est destiné à conduire l'eau.

CC est un second conduit en cuivre qui enveloppe B dans une partie de sa longueur, puis se coude et va s'ouvrir en E. Il est destiné à établir la communication entre la bouteille et l'atmosphère du tonneau.

DD est la clef du robinet. Elle est percée de deux ouvertures, l'une doublée en argent *b* correspond au conduit B; l'autre *c* correspond au canal C. Il en résulte qu'en tournant la clef du robinet, on ouvre ou l'on ferme en même temps les deux canaux B et C.

E est un tube de plomb qui s'adapte sur le robinet par une de ses extrémités, et dont l'autre va s'ouvrir à la partie supérieure du tonneau.

Un anneau en cuivre vissé retient les rondelles de caoutchouc.

Comme M. Boissenot l'a remarqué, l'eau est comme opaque et laiteuse dans la bouteille au moment même où elle vient de couler, en raison d'une infinité de bulles gazeuses qui se manifestent dans toute la masse. L'eau devient transparente par la disparition de ces bulles. Il faut laisser la bouteille appuyée contre le caoutchouc tant que cette transparence n'est pas établie; mais du moment qu'on s'aperçoit que les bulles qui rendaient l'eau laiteuse ont disparu, on enlève lestement la bouteille et on la bouche. Il s'échappe beaucoup moins de gaz de la bouteille que si elle était retirée avant le moment précité.

On ne peut éviter une certaine déperdition de gaz pendant le temps assez court nécessaire pour placer le bouchon sur les bouteilles. M. Selligue, le premier, je crois, a donné le moyen de boucher la bouteille sur place; mais il a tenu son procédé secret. Plusieurs dispositions pour arriver à ce résultat ont été adoptées depuis; elles évitent une grande déperdition de gaz, et elles mettent le premier venu à même de mettre en bouteilles, sans avoir besoin de faire aucun apprentissage. Cette modification réduit à une manipulation très facile la partie jusqu'à présent la plus difficile de la fabrication des eaux minérales. Il faut concevoir que le conduit qui amène l'eau vient s'ouvrir dans un cône en cuivre ouvert à ses deux bouts. La partie inférieure de ce cône est munie circulairement et en dehors d'un ajustage en cuivre garni de caoutchouc, pareil à celui du robinet ordinaire. C'est contre ce caoutchouc que le bord de la bouteille vient presser. Par la partie supérieure du cône, on introduit un bouchon de liége, et au moyen d'une tige refoulée par un moyen mécanique, on l'enfonce dans le cône de manière à ce qu'il forme le plafond supérieur de cette partie du robinet. Quand la bouteille est pleine, sans la bouger de place, on enfonce le bouchon pour le faire sortir en partie du cône et pénétrer dans le goulot.

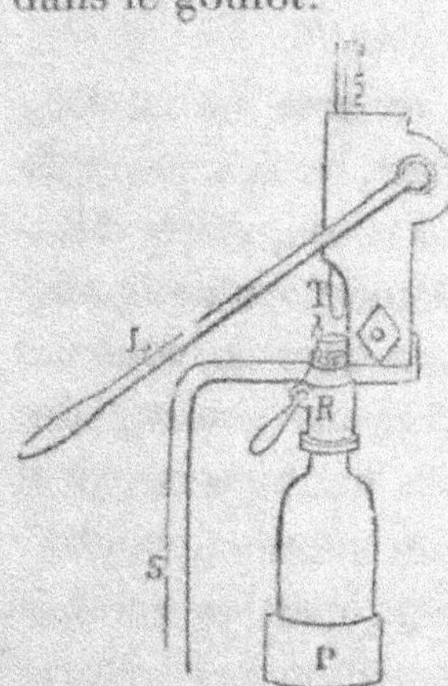

Le dessin ci-contre suffira pour donner une idée suffisante d'une de ces machines à boucher. Elle a été construite par M. Stévenaux; c'est celle dont je me sers à la Pharmacie centrale.

S est une pièce en fer solide qui soutient tout l'appareil. Le robinet ordinaire est remplacé par un robinet qui n'en diffère qu'en ce que la partie verticale de la douille a la forme d'un cône creux R. La bouteille est posée comme à l'ordinaire; l'on place à la partie supérieure du cône un bouchon b que l'on presse par le moyen de la tige T que fait mouvoir le levier L par l'intermédiaire d'une roue à engrenage. La paroi supérieure du robinet est alors formée par le bouchon. On remplit la bouteille à la manière ordinaire; et, quand elle est pleine, on presse sur le bouchon; il s'amincit, traverse le cône et pénètre dans le col de la bouteille; on cède avec le pied quand le bouchon est entré d'une quantité suffisante; puis faisant mouvoir une dernière fois ce levier, on chasse tout-à-fait le bouchon du cône.

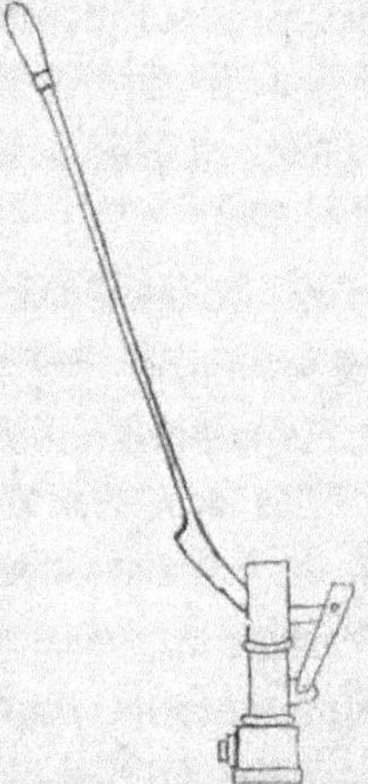

M. Viel Cazal a employé pour la machine à boucher un système de levier coudé très ingénieux dont la figure ci-contre donnera une idée suffisante.

Quand on se sert de la machine à boucher, on fait usage de bouchons plus gros que d'habitude; le refoulement qu'ils éprouvent en passant dans le cône les malaxe et y forme souvent des passages que le gaz traverserait si le bouchon pouvait revenir à son volume primitif. Il en résulte un autre inconvénient, c'est qu'une fois retiré par le consommateur, le bouchon ne peut plus servir à reboucher la bouteille; cette circonstance, jointe à ce que le bouchage à la mécanique est un peu plus long, a empêché que la machine à boucher devienne d'un usage général. Cependant quelques fabricants l'ont aujourd'hui adopté exclusivement.

Avec de l'habitude et de la dextérité, on peut se passer de cette machine à boucher pour la préparation des eaux minérales. Elle est indispensable quand on veut gazer des liqueurs visqueuses, comme les vins et les limonades.

L'*Embouteillage* des eaux gazeuses n'est pas sans danger : beaucoup de bouteilles ne résistent pas à la pression et volent en éclats. L'opérateur doit avoir la main, qui saisit la bouteille, armée d'un gant de buffle épais qui soit assez montant pour garantir également le bras. La bouteille, pendant qu'elle se remplit, reste entourée par un demi-cylindre en cuivre A qui tourne librement sur le robinet ; il est amené entre l'opérateur et la bouteille pendant que celle-ci se remplit. Un grillage en fil de laiton épais permet de suivre des yeux et sans danger l'ascension du liquide (voyez la figure page 90). Au moment de boucher, l'on détourne l'armure de cuivre en la faisant tourner sur elle-même ; on saisit la bouteille, on y adapte le bouchon, et l'on ficelle aussitôt.

Si l'on veut mastiquer la bouteille, on plonge le bouchon et la tête de la bouteille dans un vernis résineux. La qualité que l'on recherche dans ce mastic est qu'il soit adhérent et que, cependant, il se détache complétement par le choc. La recette suivante donne un bon produit.

Colophane, 6 parties ; craie pulvérisée, 5 parties ; essence de térébenthine, 1 partie ; rocou, 1/8 de partie. On fait d'abord fondre la colophane, on ajoute l'essence, puis la craie et le rocou.

On a remplacé les ficelles et le mastic par une petite calotte en plomb que l'on serre hermétiquement contre le col de la bouteille au moyen d'un tour de corde.

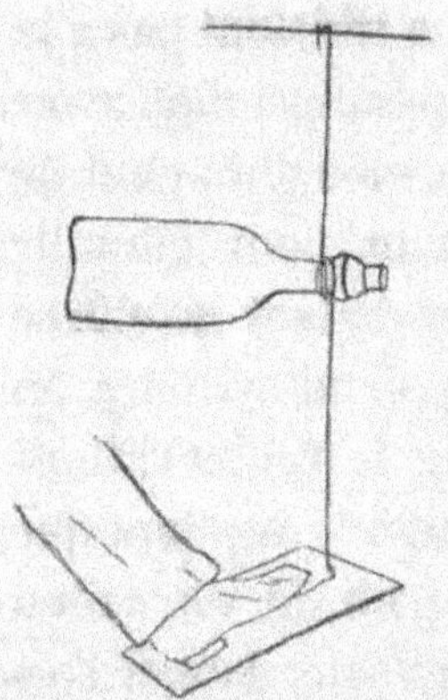

La corde a environ 3 lignes de diamètre; elle est fixée solidement en l'air par l'un de ses bouts; à l'autre bout est attachée une planchette sur laquelle on peut appuyer avec le pied pour tendre la corde; on fait faire à celle-ci un tour autour de la capsule posée sur la bouteille; on appuie le pied pour tendre la corde; alors, en tournant la bouteille dans les mains, les bords de la calotte de plomb s'affaissent et viennent s'appliquer exactement contre le verre. Il n'est pas absolument nécessaire que la capsule ait exactement la grandeur de la bague de la bouteille; fût-elle de 2 à 3 millimètres plus grande, elle s'adapterait encore très bien; si elle est un peu plus petite, on l'appuie sur la bague avec deux doigts comme si l'on tournait une vis jusqu'à ce que le fond de la capsule pose sur le bouchon.

Aujourd'hui on fait peu d'usage des capsules pour la consommation courante, parce qu'elles augmentent le prix de revient. On craint aussi, avec quelque raison, qu'il ne s'y fasse du carbonate de plomb qui est vénéneux. Cependant les capsules sont très utiles pour les eaux qui doivent être transportées au loin; mais il est bon de les faire en étain pour se mettre à l'abri de toute crainte.

En adaptant un manomètre au vase de compression, j'ai étudié les phénomènes qui s'y produisent pendant que l'eau gazeuse est mise en bouteilles.

A mesure que l'on soutire de l'eau gazeuse (avec le robinet à simple courant), le vide qui se fait graduellement dans le récipient a pour effet de diminuer de plus en plus la pression à la surface du liquide, de permettre à l'eau déjà faite de laisser dégager une partie du gaz dont elle est chargée. A mesure que le gaz libre se dilate pour remplir le nouvel espace vide qui s'est formé, l'eau abandonne une partie d'acide carbonique qui compense en partie ce premier effet. De ces deux effets contraires résultent un décroissement de la pression lent et régulier qui se continue jusqu'à la fin de l'opération. Les résultats du calcul et ceux de l'expérience marchent assez d'accord dans le commencement de l'opération; mais, à mesure qu'elle avance, les écarts deviennent toujours plus considérables. Les mouvements du manomètre signalent parfaitement le phénomène mixte qui nous occupe. Chaque fois que l'on remplit une bouteille, le manomètre descend, puis on le voit sensiblement remonter pendant l'intervalle nécessaire pour boucher la bouteille et en présenter une nouvelle au robinet.

La pression superficielle s'accroît davantage quand

l'opération est faite avec plus de lenteur ; or, comme cet accroissement résulte de la déperdition d'acide carbonique qui est faite par l'eau, il faut en conclure que moins on emploie de temps pour mettre en bouteilles et plus les résultats sont avantageux.

Une conséquence de ce qui précède est que, dans la fabrication par le système de Genève, l'eau devient moins gazeuse à mesure que le tirage avance. On pourrait cependant se mettre à l'abri de cet inconvénient en refoulant du gaz carbonique dans le tonneau à mesure qu'il se vide, de manière à entretenir une pression constante à la surface de l'eau ; il est vrai qu'alors le tonneau restera plein de 5 à 600 litres de gaz carbonique. On l'utilisera si, au lieu de déboucher le tonneau pour le remplir d'eau et faire une nouvelle opération, on fait aspirer cette eau par la pompe ; elle est refoulée dans le tonneau où elle absorbe le gaz. On peut aussi, par un tube de communication, renvoyer le gaz dans le gazomètre.

SYSTÈME DE VERNAUT ET BARRUEL,

OU SYSTÈME AVEC LE GAZ COMPRIMÉ PAR LUI-MÊME.

Le système dont nous allons nous occuper diffère du précédent par une modification importante qui consiste dans la suppression de la pompe de compression. La partie de l'appareil dans laquelle on produit le gaz est en communication avec le vase dans lequel l'eau gazeuse doit être faite. Une nouvelle quantité de gaz s'ajoute à chaque instant à celui qui a déjà été produit, et la pression intérieure se trouve ainsi augmentée; ici c'est le gaz qui, se comprimant lui-même, facilite sa dissolution dans l'eau. Un manomètre adapté à l'appareil indique à chaque instant la pression intérieure. Tout l'appareil ne différant de celui de Genève que par la manière dont la compression du gaz est exercée, nous n'aurons besoin de nous occuper ici que d'établir la différence entre les deux systèmes.

L'ensemble de l'appareil, tel qu'il a été exécuté par M. Barruel, se compose des pièces suivantes :

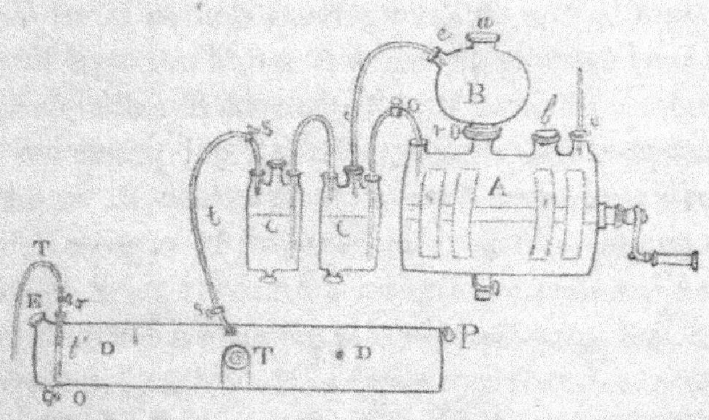

A est un vase en cuivre fort épais, dans lequel le gaz doit être produit. Il est traversé par un agitateur ; il porte à sa partie inférieure une ouverture qui sert à le vider ; à sa partie supérieure se trouvent : 1° une tubulure a sur laquelle s'adapte un manomètre ; 2° une ouverture plus grande b par laquelle on introduit la craie délayée ; 3° un tube *c* qui va porter le gaz dans les laveurs ; 4° une ouverture sur laquelle s'adapte exactement un vase en cuivre épais B doublé en plomb, et qui est destiné à recevoir l'acide sulfurique. Entre A et B est un robinet *r* en argent qui sert à introduire l'acide ; B porte en outre deux ouvertures : l'une *a*, par laquelle on introduit l'acide sulfurique ; l'autre *e* d'où part un tube en plomb qui communique avec le premier vase laveur. Ce dernier est destiné à établir à la surface de l'acide une pression égale à celle du vase inférieur.

CC' compose le système de lavage de gaz ; la figure suffit pour en donner une idée exacte.

D est le vase où l'eau gazeuse doit se faire : c'est un long cylindre de cuivre étamé, d'une capacité de 120 litres environ. Il porte dans la direction de son axe transversal deux tourillons T qui posent sur la partie supérieure d'une sorte de tréteau, de manière qu'en saisissant le cylindre D par la poignée P, on peut aisément lui imprimer un mouvement de bascule qui agite fortement le mélange d'eau et de gaz contenu dans le cylindre : c'est un excellent moyen de faciliter la dissolution du gaz carbonique dans l'eau. D communique avec les laveurs par un tube en plomb *t*, dont les deux extrémités sont munies d'un tuyau de caoutchouc flexible, de manière à ce que le tube obéisse facilement au mouvement que lui communique l'agitation de D. D porte deux tubulures : l'une E par laquelle on remplit d'eau ce cylindre, l'autre qui est fermée par un robinet v qui porte le tube plongeant intérieur t'. Quand le récipient est plein d'eau gazeuse et qu'on ouvre le robinet v, la pression supérieure exercée par le gaz refoule le liquide et le fait passer dans le robinet. On adapte à celui-ci un tube T qui va porter l'eau gazeuse dans le robinet d'embouteillage. En O est un robinet qui sert à volonté à vider le cylindre. Il y a en outre en $s\,s$ deux robinets qui servent à établir ou à empêcher la communication du cylindre avec le vase producteur du gaz.

Voici maintenant la manière dont on conduit l'opération. La craie délayée dans l'eau est introduite en A et l'acide sulfurique concentré en B : la communication de D avec les laveurs étant interrompue en dévissant le tube t on fait couler un peu d'acide et on laisse un peu de gaz se perdre pour remplir l'appareil d'acide carbonique en expulsant l'air. Alors on adapte t et on tient fermés les robinets $s\,s$ du tube t. On continue à faire couler de l'acide et à remuer l'agitateur jusqu'à ce que le manomètre indique six atmosphères de pression. Alors on ouvre les robinets $s\,s$ et o et on laisse couler environ 10 litres du liquide du cylindre D. Cela fait, on ferme l'ouverture o, et saisissant la poignée P, on imprime au cylindre un mouvement de bascule qui agite l'eau avec le gaz; on voit instantanément baisser le manomètre; mais on ouvre le robinet à l'acide sulfurique de manière à produire du gaz à mesure que l'eau en absorbe et à maintenir le manomètre à six atmosphères. On continue ainsi jusqu'à ce que, malgré l'agitation, le manomètre reste fixe. Alors on met l'eau en bouteilles, et pendant tout le temps que dure cette opération, on entretient la même pression à la surface du liquide, en faisant couler de temps en temps de l'acide sulfurique sur la craie. Le manomètre doit marquer six atmosphères pendant tout le temps que dure la mise en bouteilles. On conçoit que lorsque l'opération est terminée, l'appareil se trouve rempli par 5 à 600 litres d'acide carbonique qui sont perdus. On peut en profiter en partie en ayant un second cylindre D que l'on remplit d'eau et que l'on met en communication avec le premier. Cette perte de gaz est compensée du reste par la simplicité de l'appareil, qui n'est formé que de pièces peu altérables et toujours faciles à réparer, circonstance d'une haute importance pour les personnes qui n'habitent pas les grandes villes.

Un désavantage de l'appareil précédent est la présence du robinet qui verse l'acide sur la craie et qui est bientôt mis hors de service ; il a été remplacé par un obturateur en verre porté sur une tige, qui glisse dans une boîte en cuir, et qui peut aisément être mis en mouvement, sans établir de communication de l'air avec l'intérieur. Un autre inconvénient plus grave est la forte pression exercée dans le vase qui contient l'acide sulfurique concentré. Si la rupture de ce vase venait à se faire, l'acide, lancé dans toutes les directions, pourrait produire les accidents les plus graves. On ne saurait prendre trop de précautions pour éviter ces accidents.

M. Savaresse a simplifié et modifié l'appareil précédent. A est le vase dans lequel le gaz est produit. On y met de l'eau acidulée; la craie est employée, enveloppée dans du papier, sous la forme d'une longue cartouche que l'on introduit dans le col A'. Elle est soutenue par une tige transversale, et ne peut avoir le contact de l'acide qu'autant que l'agitateur mis en mouvement vient à briser l'extrémité de la cartouche et à faire tomber une partie du carbonate de chaux dans l'acide; le dégagement de gaz est ainsi conduit facilement et réglé à volonté. C est le manomètre, U est le laveur, contenant de la braise de boulanger bien lavée et une dissolution de bicarbonate de soude; K K est le tonneau qui contient l'eau et qui reçoit le gaz. Une soupape, placée à l'extrémité du tube T, livre passage au gaz et met obstacle à la sortie de l'eau. E est le robinet qui ouvre et ferme la communication entre la première et la seconde partie de l'appareil. En I est une portion étroite de tube qui ralentit le mouvement du gaz; en J est une boîte tournante qui suit le mouvement imprimé au tonneau K sans permettre la sortie du gaz. R est un robinet pour mettre en bouteilles. Ainsi le gaz formé dans le vase A est amené dans le laveur U et de la dans le récipient, où il doit se dissoudre. Le manomètre indique à chaque instant quelle est la pression, et sert de règle pour hâter ou relentir le dégagement du gaz. Veut-on mettre cet appareil en exercice, on remplit avec de l'eau le tonneau **K** ; on introduit l'eau acide dans le vase **A** et la cartouche de

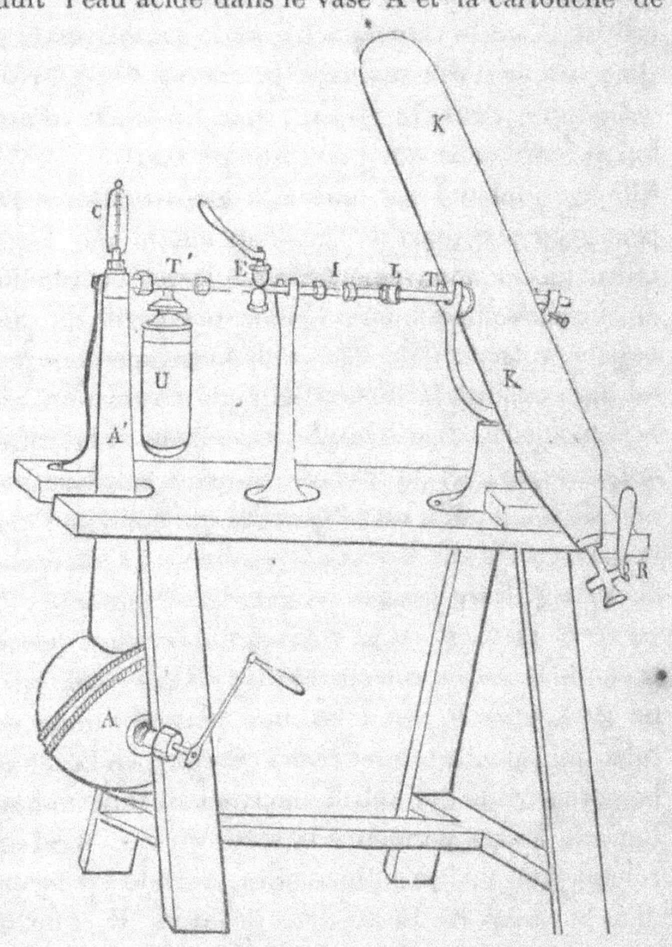

craie dans le col **A'**. On fait dégager un peu de gaz pour chasser l'air de l'appareil, puis l'on pose le manomètre et la pièce qui ferme le vase à dégagement ; alors on adapte et l'on serre la virole placée en J, et le gaz commence à entrer dans le tonneau K, où il vient occuper la partie supérieure : en même temps, on ouvre le robinet R pour laisser couler un peu de liquide et faire un vide suffisant. On continue à faire dégager du gaz, et de temps en temps on donne au cylindre K un mouvement de bascule qui facilite singulièrement la dissolution du gaz. Lorsque, malgré quelques chutes répétées, le manomètre ne baisse plus et marque 6 atmosphères, on met en bouteilles, en tenant le tuyau incliné dans la position où la figure le représente.

Pour la mise en bouteilles on adapte au robinet R le tuyau en étain *c c* qui amène l'eau dans le robinet d'embouteillage B'. On peut à volonté boucher

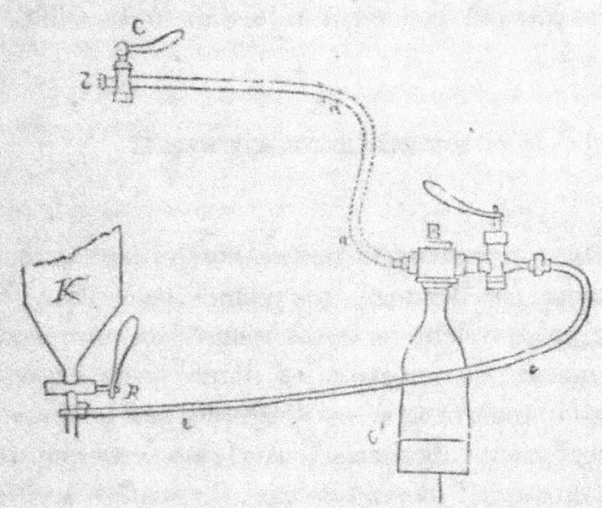

à la main et à la mécanique ; on peut aussi , à l'aide
du tuyau en étain *a a* , établir une communication
entre la bouteille et la partie supérieure du récipient K K, suivant le système dont j'ai déjà parlé. Ce
système s'applique heureusement à la préparation
des vins mousseux , avec des bouteilles que l'on a
eu soin de remplir préalablement d'acide carbonique.

Dans l'appareil de M. Savaresse, comme dans celui
de MM. Barruel et Vernaut, le récipient reste plein
d'acide carbonique à plusieurs atmosphères de pression. Maintenant, M. Savaresse adapte à ses appareils
une petite pompe au moyen de laquelle il refoule de
l'eau dans le récipient pour absorber l'acide carbonique. Ce perfectionnement est d'un haut intérêt
pour les personnes qui habitent des localités où l'on
ne se procure facilement ni la craie ni les acides.

SYSTÈME DE BRAMAH.

Dans le système de fabrication des eaux gazeuses
inventé par Bramah , une pompe aspire l'eau et le
gaz, et les refoule en même temps dans un réservoir
commun. Ce réservoir est d'une petite capacité ;
mais à mesure qu'il se désemplit par le tirage de
l'eau gazeuse, la pompe fournit sans cesse une nouvelle quantité d'eau et de gaz , de manière à ce que

le travail puisse durer aussi longtemps qu'on le veut sans être interrompu.

La machine de Bramah a été décrite avec beaucoup de détails dans le *Bulletin de la Société d'encouragement :* elle est employée dans la plupart des fabriques d'Angleterre et dans un petit nombre de fabriques françaises. Mais cette même machine, avec le mécanisme plus simple qu'y a appliqué M. Viel Cazal, mécanicien de Paris, fonctionne dans presque tous les ateliers de la France. Je donne ici le dessin de cette dernière machine.

La machine de Bramah a, comme pièces accessoires, un appareil pour la production du gaz carbonique et un gazomètre ordinaire qui sert de réservoir. Celui-ci n'a pas besoin d'être gradué, car ici le gaz se mesure par la pression intérieure de l'appareil, et non plus par le volume qui a été puisé : par la même raison, le gazomètre peut être d'une assez faible capacité : il suffit qu'il puisse être alimenté aussi vite par la production de gaz qu'il est épuisé par sa soustraction.

A est le vase ou tonneau dans lequel l'eau gazeuse doit se faire ; sa capacité est de 15 à 16 litres.

Dans l'intérieur est un agitateur de la forme ci-

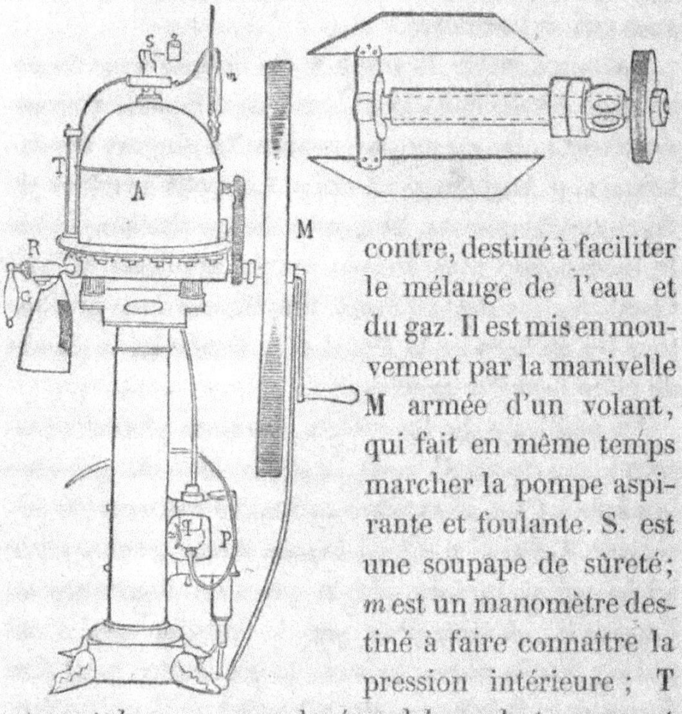

contre, destiné à faciliter le mélange de l'eau et du gaz. Il est mis en mouvement par la manivelle **M** armée d'un volant, qui fait en même temps marcher la pompe aspirante et foulante. S. est une soupape de sûreté; *m* est un manomètre destiné à faire connaître la pression intérieure ; **T** est un tube en verre placé en dehors du tonneau et communiquant avec sa partie supérieure et sa partie inférieure. L'eau y pénètre, et l'on peut y voir à chaque instant quelle est la hauteur du liquide dans le tonneau; R est un robinet, garni de rondelles en caoutchouc. Le col de la bouteille vient s'y appliquer; une pédale à bascule sert à l'y appuyer; une armure en cuivre G garantit l'opérateur des éclats de verre, comme dans la machine de Genève.

La pompe P sert à puiser en même temps l'eau et le gaz, et à les refouler tous deux dans le tonneau récipient. On voit comment le piston est mis en mouvement par la manivelle.

Q est une partie importante de l'appareil ; c'est là que se fait et que se règle l'arrivée de l'eau et du gaz. Cette pièce mérite d'être examinée avec détail. Elle présente dans son intérieur un canal qui communique avec la pompe P, ainsi qu'on le verra bientôt dans la figure en coupe.

C est un tube qui va chercher le gaz sous le ga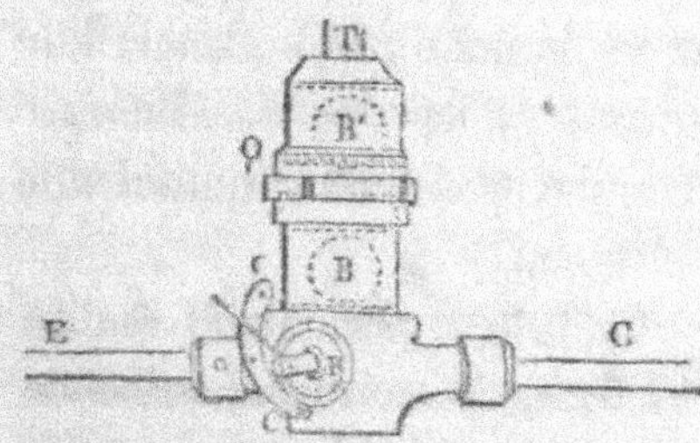zomètre ; E est un tube qui amène l'eau. Tous deux viennent aboutir dans un canal central, au milieu duquel se trouve une clef de robinet R.

Cette clef est échancrée, comme le montre la figure 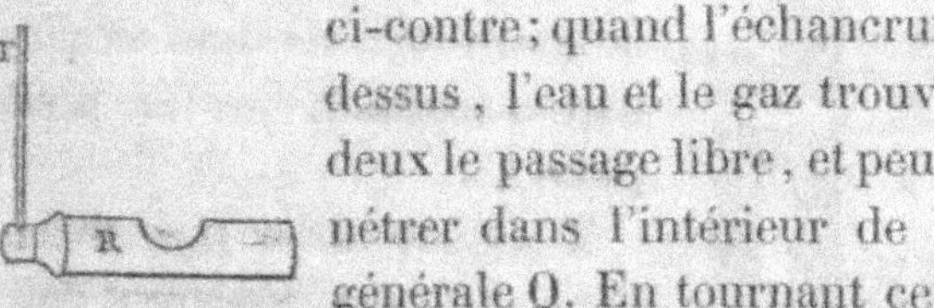ci-contre ; quand l'échancrure est en dessus, l'eau et le gaz trouvent tous deux le passage libre, et peuvent pénétrer dans l'intérieur de la pièce générale Q. En tournant ce robinet à droite ou à gauche, on peut à volonté fermer l'arrivage à l'eau ou au gaz, ou bien encore agrandir ou diminuer le passage livré à chacun d'eux, et par suite faire arriver à volonté plus d'eau ou plus de gaz. Une petite tige sert à faire tourner le robinet. Une portion de cercle indicateur permet d'ouvrir toujours avec précision le robinet de la quantité désirée.

L'intérieur de la pièce Q communique avec l'intérieur du corps de pompe P par un conduit ; le canal intérieur de Q porte deux billes qui servent de soupapes. La bille B inférieure porte sur un diaphragme garni de cuir et percé d'un trou. Elle se soulève pour livrer passage à l'eau et au gaz ; elle retombe et ferme l'ouverture du diaphragme pour s'opposer à leur retour ; au-dessus de la bille est une petite pièce en cuivre échancrée C qui ne bouche pas le canal ; elle est garnie en cuir à sa partie inférieure. C'est contre elle que la bille vient frapper et s'arrêter quand elle est soulevée par l'eau et le gaz.

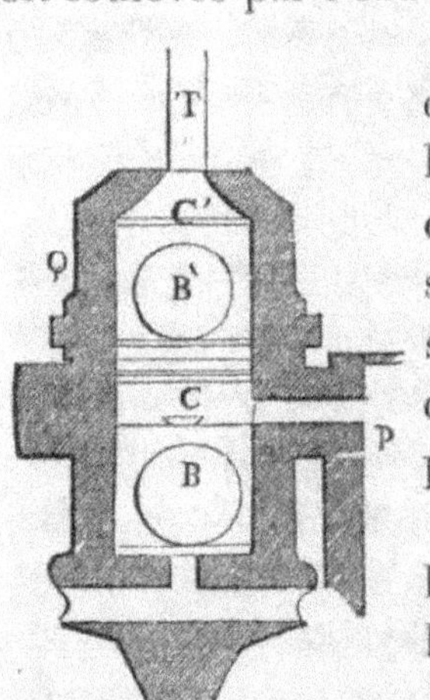

La bille supérieure B' établit ou ferme la communication de la pompe avec le tonneau récipient ; elle pose également sur un diaphragme en cuir, et se trouve arrêtée dans sa marche ascendante par la petite pièce C'.

T est le tube par lequel l'eau et le gaz pénètrent dans le tonneau.

Maintenant il va être facile de suivre le mouvement de l'eau et du gaz. Vient-on à descendre le piston, on fait le vide dans le corps de pompe P, et l'on rend prédominantes sur sa pression intérieure celle qui s'exerce dans le tonneau récipient et celle qui est exercée par le gaz dans le gazomètre et par l'air atmosphérique sur l'eau ou la dissolution saline.

L'effet de la pression plus grande dans le récipient est de presser sur la bille B', qui ferme alors toute communication entre le récipient et la pompe. L'effet de la pression extérieure est de faire monter l'eau dans le tube E et le gaz dans le tube G; ils soulèvent la bille B et viennent remplir le corps de pompe.

Maintenant, quand on remonte le piston, la pression intérieure augmente de plus en plus; elle presse sur la bille B qui ferme l'entrée à l'eau et à l'acide carbonique; elle soulève au contraire la bille B'; l'eau et le gaz pénètrent ensemble dans le récipient. Ainsi l'abaissement du piston a pour effet d'introduire l'eau et le gaz dans la pompe, et l'ascension du piston a pour effet de les refouler dans le tonneau.

Veut-on faire marcher l'appareil, on met l'extrémité du tube E en communication avec un réservoir qui contient de l'eau, et le tube G en communication avec le gazomètre. L'on ouvre le robinet R d'une quantité convenable, que l'expérience fait bientôt connaitre; en même temps on ouvre de temps en temps la soupape du récipient, jusqu'à ce qu'il soit entièrement rempli : c'est afin de chasser l'air atmosphérique qui y est contenu. On retire alors une partie de l'eau, et, pendant tout le temps que dure l'opération, on tient le récipient rempli au tiers de sa capacité, ce qu'il est facile de reconnaître par la hauteur du liquide dans le tube latéral T ; on règle le mouvement de la pompe de manière à ce qu'elle fournisse constamment une quantité d'eau égale à celle qui est tirée par le robinet. Par ce moyen la continuité du travail s'établit, et la machine, une fois en mouvement, ne s'arrête que lorsqu'on veut suspendre la fabrication.

Toutes les précautions nécessaires pour ne pas perdre de gaz pendant la mise en bouteilles, et pour se mettre à l'abri des accidents, sont les mêmes que celles que nous avons indiquées pour l'appareil de Genève : seulement ici l'usage du robinet à double courant ne peut trouver son application.

La quantité dont la clef du robinet qui amène l'eau et le gaz doit rester ouverte est bientôt connue par l'habitude. On a pour guide encore la qualité de l'eau qui est tirée et l'indication du manomètre ; on travaille ordinairement sous une pression intérieure de 7 atmosphères. Si la pression intérieure devient trop forte, la soupape de sûreté se soulève et donne passage au gaz excédant. On pourrait la faire communiquer avec le gazomètre, de manière à ne pas perdre le gaz qui sort alors de l'appareil.

L'appareil de Bramah a sur l'appareil de Genève des avantages marqués. On peut à volonté y fabriquer une grande ou une petite quantié d'eau minérale ; on peut sans inconvénient suspendre à volonté la fabrication sans craindre de changer la nature des produits ; la fabrication s'y fait aussi d'une manière plus expéditive, circonstance qui explique la préférence qui lui est accordée dans toutes les fabriques montées sur une échelle un peu forte. Un autre avantage est de donner de l'eau également chargée à toutes les époques de l'opération. On peut lui reprocher avec raison de fournir des eaux gazeuses dans lesquelles le gaz carbonique est moins adhérent ; elles sont, si l'on peut s'exprimer ainsi, plus gazeuses pour la forme, moins pour le fond ; ce qui est dû à ce que le tonneau étant d'une petite capacité, l'eau et le gaz ne restent pas assez longtemps en contact. Sous ce rapport, les appareils de Barruel et de Savaresse ont certainement l'avantage. Il ne faut jamais perdre de vue que l'eau et le gaz n'adhèrent facilement l'un à l'autre que lorsqu'ils sont restés longtemps en contact sous une forte pression. On peut reprocher encore à l'appareil continu d'être moins propre à la fabrication des eaux très chargées de carbonates calcaire ou magnésien, qui exigent un séjour prolongé de ces sels peu solubles avec l'eau chargée d'acide carbonique. Force est alors de ne faire à la fois que la petite quantité d'eau qui peut être contenue dans la capacité du récipient.

Les avantages des deux systèmes se trouvent réunis dans l'appareil que j'ai fait établir à la Pharmacie centrale, et qui a été construit par M. Stévenaux.

A est un tonneau en cuivre étamé, d'une capacité de 120 litres ; il porte une large ouverture O fermée par un couvercle à vis et que l'on n'ouvre que lors-

qu'on veut nettoyer l'appareil. Une tubulure plus
petite sert à l'introduction ordinaire de l'eau. S est
une soupape de sûreté; *m* un manomètre de Sava-

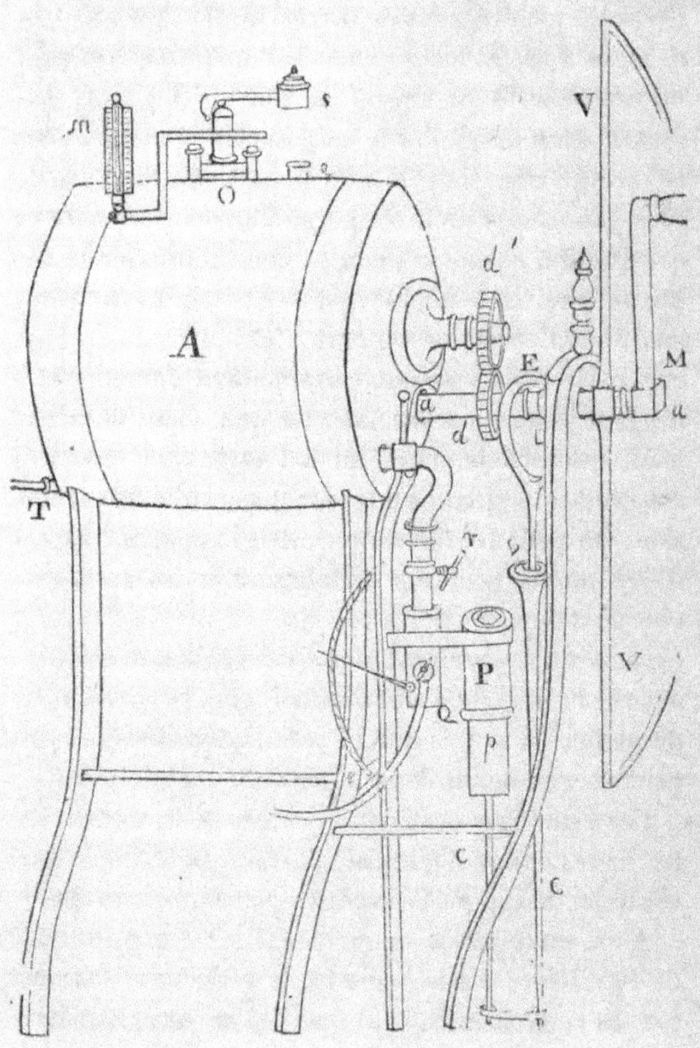

resse. En arrière est le tube de verre qui fait connaître à chaque instant la hauteur du liquide; T est un tube qui conduit l'eau gazeuse dans le robinet.

M est une manivelle qui met en mouvement l'axe $a\,a$, armé d'un volant V. La roue à dents d transmet le mouvement à la roue à dents d' montée sur le même axe que l'agitateur. E est un excentrique qui abaisse et élève successivement la tige courbe CC qui fait mouvoir le piston p. L'excentrique est lié à la tige par une pièce à vis v; elle donne le moyen de détacher la tige de l'excentrique; alors on peut faire tourner l'agitateur sans faire agir la pompe.

P est le corps de pompe; il communique avec la pièce Q dont les détails ont été donnés p. 115 et 116; r est un robinet de garde. Quand le tonneau est rempli d'eau gazeuse, on le ferme, et toute communication avec la pompe est interrompue; par là on ménage les soupapes et l'on s'oppose absolument à toute déperdition de gaz.

Ce qui distingue essentiellement cet appareil, c'est :

1° Que le récipient A a une très grande capacité, l'expérience m'ayant prouvé que l'eau est d'autant meilleure que le gaz reste plus longtemps en contact avec elle;

2° Que le tube T qui amène l'eau du récipient à la bouteille est très long et prolonge le contact du gaz carbonique et de l'eau;

3° Qu'en dévissant la pièce v, on détache le piston et l'on peut mettre alors l'agitateur en mouvement sans introduire ni eau ni gaz dans le récipient A ;

4° Que la pompe P est plus grande et permet d'introduire à la fois une grande quantité d'eau et de gaz ;

5° Que le robinet de garde *r* sert à détruire à volonté toute communication entre le vase A et la pompe et le robinet à soupapes, et par conséquent à fermer complétement le récipient A.

Cet appareil fonctionne comme l'appareil de Bramah ; mais si l'on met le robinet d'introduction de la pièce Q tout entier sur le gaz, il devient un véritable appareil de Genève, dans lequel on peut laisser séjourner longtemps l'eau gazeuse pour lui donner le temps de dissoudre des sels peu solubles, et dans lequel on peut agiter à plusieurs reprises au moyen de l'agitateur pour faciliter la dissolution. L'appareil est en outre susceptible de recevoir le robinet à double courant, si favorable dans la fabrication par le système de Genève.

BOUTEILLES SIPHOIDES.

On sait assez que lorsque l'on vient à déboucher une bouteille d'eau gazeuse, au moment où le bouchon vient d'être ôté, il se fait une vive effervescence qui souvent entraîne une partie du liquide ; en outre, le buveur est partagé entre le double inconvénient, de perdre une partie du gaz contenu dans l'eau de son verre, s'il s'occupe à reboucher aussitôt la bouteille, ou de laisser affaiblir l'eau qui reste dans la bouteille s'il commence par boire la liqueur ver-

sée. Chacun a appris encore par sa propre expérience
que, pour peu que l'on tarde à boire la totalité d'une
bouteille d'eau gazeuse, les dernières parties que
l'on se verse sont à peine chargées de gaz. C'est ce
double inconvénient que M. Savaresse a voulu éviter par l'emploi des bouteilles siphoïdes. Voyons d'a-
bord quelle est la construction de ces bouteilles.

Une bouteille siphoïde est un cruchon en grès
verni, dont la capacité est un peu plus grande que
celle d'une bouteille à eau de Seltz ordinaire. La
tubulure de la bouteille porte un ajutage en étain
fin solidement fixé dans le col du cruchon.

Voici quelle est la disposition intérieure de cet
ajutage. Il porte à une certaine hauteur un rétré-

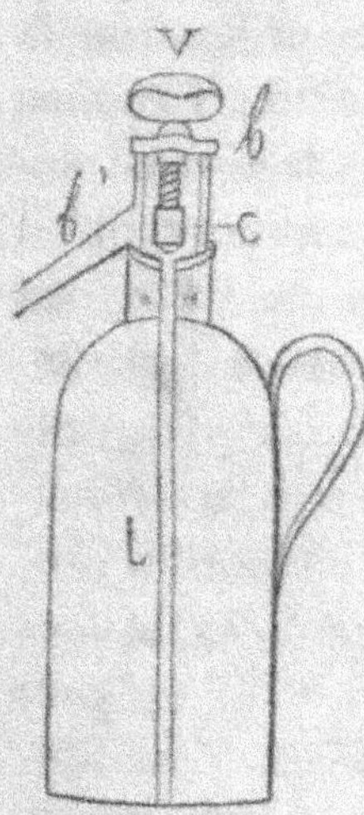

cissement sur lequel vient poser
un petit cylindre en alliage C,
terminé par un disque de liége
très fin, attaché avec de la cire à
cacheter ; quand le liége est ap-
puyé exactement sur le rétrécis-
sement, il intercepte toute communication entre l'intérieur de la
bouteille et l'extérieur. Ce petit
cylindre tient à une vis terminée par un bouton ou par une
pièce V ; vers sa partie supérieure
le cylindre C est garni avec un peu
de coton pour qu'il glisse à frottement dans la cavité de l'ajutage. La vis traverse un bouton b qui

ferme la partie supérieure de l'ajutage et s'oppose à ce que le petit piston p puisse sortir. En faisant mouvoir la vis on ouvre ou l'on ferme à volonté la communication entre l'intérieur du cruchon et l'ajutage; le gaz et l'eau sortent par le bec b', un tube t va plonger presque jusqu'au fond du cruchon.

Supposons le cruchon plein d'eau gazeuse, un petit espace vide de liquide se trouve à la partie supérieure, qui contient du gaz acide carbonique, comprimé à plusieurs atmosphères, comme nous le verrons tout-à-l'heure. En cet état, rien ne peut sortir de la bouteille, car le liége est appliqué exactement sur l'ouverture : la pression du gaz ne peut vaincre la résistance de la vis; mais que l'on vienne à tourner la vis, le gaz qui presse sur la surface de l'eau la fait monter dans le tube T comme dans un siphon. Elle s'élève dans l'ajutage et est déversée par le conduit latéral; mais du moment qu'on fait marcher la vis en sens contraire et que le liége est redescendu, rien ne peut plus sortir de la bouteille.

Quand on a tiré une certaine quantité d'eau gazeuse d'une bouteille siphoïde, elle cesse d'en fournir; c'est que le gaz, qui presse à la surface de l'eau, perd de sa force élastique à mesure qu'il s'étend dans le vide laissé par l'eau qui est sortie. On ne peut donc vider d'un seul coup une semblable bouteille; mais, quand le liquide cesse de couler, qu'on tienne la bouteille fermée pendant quelques instants, l'eau gazeuse abandonnera une portion de gaz qui rendra

bientôt à l'atmosphère supérieure l'élasticité nécessaire.

J'ai démontré par des expériences directes qu'en
vidant successivement les bouteilles siphoïdes, l'eau
gazeuse dans chaque verre a la même quantité de
gaz. Il est bien vrai que l'eau dans la bouteille s'af-
faiblit à mesure que l'on en a tiré ; mais comme la
pression supérieure diminue aussi, il en résulte que
la force du jet, et par suite la perte de gaz diminue
à mesure que la bouteille se vide. Les premiers
verres reçoivent donc une eau très gazeuse qui perd
plus de gaz, et les derniers une eau moins gazeuse
qui perd moins. L'expérience m'a prouvé que le consommateur boit toutes les verrées à peu près au
même état de saturation.

Pour remplir une
bouteille siphoïde on
remplace le robi-
net ordinaire de Bra-
mah par un tube à
robinet, auquel s'a-
dapte une pièce cou-
dée percée d'un canal
dans son intérieur.
Cette pièce est en bois
de buis, et le canal
central est assez large
pour que l'extrémité
du bec en étain puisse

y être introduite. Alors on soulève la vis *v*, et en un instant très court l'eau gazeuse est refoulée dans le cruchon, et le remplit en grande partie. Au moment où l'on tourne le robinet, l'eau gazeuse, pressée plus fortement dans le tonneau K par l'atmosphère de gaz qui la recouvre, est refoulée et pénètre dans le cruchon par l'ajutage et le tube de verre *t*. L'air que le cruchon contenait est refoulé jusqu'à ce que son volume soit assez diminué et sa force élastique assez augmentée pour qu'il fasse équilibre à la pression exercée à la surface de l'eau dans le récipient R. On voit de suite pourquoi le cruchon ne se remplit pas complétement d'eau. A ce moment on descend la vis pour fermer le cruchon, on le retourne sans le secouer. L'air occupe alors le fond du cruchon où plonge l'extrémité du tube *t*; on soulève la vis, et l'air sort, laissant dans la bouteille une atmosphère formée par un mélange d'acide carbonique et d'air. On reporte alors la bouteille sous le robinet, et quand le liquide cesse d'être refoulé, on répète la même manœuvre; on reporte encore une fois la bouteille sous le robinet, et cette fois elle se remplit presque entièrement. L'emplissage des cruchons par ce moyen va beaucoup plus vite que celui des bouteilles par les moyens ordinaires; on n'a plus ni bouchon à mettre, ni ficelle à attacher.

Quand une bouteille siphoïde a été vidée, elle reste pleine d'acide carbonique qui ne peut s'échapper ; elle n'en est que mieux disposée à recevoir une nouvelle charge d'eau gazeuse. Rien d'étranger ne peut s'introduire dans les bouteilles ; c'est de loin en loin seulement que l'on a besoin de les rincer.

M. Savaresse remplit les cruchons sous une pression de 10 atmosphères, c'est-à-dire que le manomètre indique cette pression dans le récipient. Mais il faut se garder de croire que le volume du gaz dans l'eau soit en rapport avec cette pression ; il ne dépasse guère 4 volumes. On ne donne pas à l'eau le temps d'arriver à saturation.

DE L'INTRODUCTION DES SELS DANS LES EAUX MINÉRALES.

La première difficulté qui se présente quand on veut préparer une eau artificielle chargée de matières salines, est celle de savoir en quel état les sels existent réellement dans l'eau naturelle que l'on veut reproduire. Ainsi que nous avons déjà eu l'occasion de le dire, l'analyse fait bien connaître la nature et la quantité des bases et des acides qui se trouvent réunis ; mais nous en sommes réduits à des hypothèses plus ou moins probables sur la manière dont tous ces éléments sont combinés entre eux. Ne pouvant résoudre cette difficulté, on l'a négligée, et l'on est convenu, en quelque sorte, que, lorsqu'on a réuni dans une eau minérale les éléments que l'analyse y fait trouver, on est arrivé à une imitation suffisamment fidèle. Remarquons que, lorsqu'il

existe dans une eau minérale une base et un acide
en quantité prédominante, il ne peut rester aucun
doute sur l'existence de la combinaison qu'ils ont
formée entre eux.

Si les sels qui entrent dans une eau minérale sont
tous solubles, la fabrication consiste dans une simple
dissolution : par exemple, l'eau de Barèges, de Cauterets, l'eau de la mer. Si l'eau minérale est en
même temps acidule, on prépare la dissolution des
sels, on en remplit le tonneau, et l'on charge de gaz
carbonique, si l'on opère par la méthode de Genève ;
on la fait soutirer par la pompe en même temps que
le gaz, quand on se sert de l'appareil de Bramah. Si
la proportion des sels est peu considérable, on peut
encore les dissoudre dans une petite quantité d'eau,
les introduire à l'avance dans les bouteilles, et achever de remplir celles-ci avec de l'eau gazeuse simple.
Nous citerons l'eau de Seltz comme pouvant être indifféremment préparée par l'une ou l'autre méthode.
Elles donnent toutes deux de bons résultats ; mais
cependant dans une fabrication continue on gagne
du temps à faire absorber directement le gaz par la
dissolution saline.

Quand une eau minérale n'a fourni à l'analyse
que des sels insolubles, ces sels ne peuvent être que
des carbonates, qui existaient dans l'eau à l'état de
bicarbonates ; on imite alors l'eau naturelle en faisant dissoudre ces mêmes carbonates dans un excès
d'acide carbonique. Il n'existe pas d'eau minérale

naturelle qui ne contienne que ce genre de sels ;
l'eau magnésienne artificielle en fournit un exemple.
Au reste, comme la manière de reproduire les bicarbonates reste souvent la même quand ces carbonates
sont mêlés à d'autres sels, nous allons la décrire
une fois pour toutes.

Les carbonates de chaux, de magnésie et de fer
se trouvent communément dans les eaux; ils se dissolvent avec facilité dans un excès d'acide carbonique. Pour peu que la proportion en soit considérable, il faut assurer leur dissolution en les
employant à cet état d'extrême division qui résulte
de la précipitation chimique. On précipite à froid
une dissolution très étendue de chlorure de calcium
pur, par du carbonate de soude; on lave le précipité
à plusieurs reprises pour le débarrasser des sels
étrangers, et on le fait égoutter sur une toile. Pour
apprécier la quantité réelle de carbonate que contient l'espèce de bouillie épaisse que l'on s'est pro-
curée, il faut en prendre une certaine quantité, la
sécher et la calciner fortement. 1 partie de précipité
calcaire, qui a été chauffé fortement au rouge, représente 1,777 de carbonate de chaux.

Pour le carbonate de magnésie on se sert du sulfate de magnésie et du carbonate de soude; mais il
faut faire la décomposition à l'ébullition dans une
bassine d'argent. 100 parties de sulfate de magnésie
exigent environ 116 parties de carbonate de soude
cristallisé, et fournissent un précipité qui représente

29 parties de carbonate de magnésie compté à l'état pur, ou 33 parties de magnésie blanche (hydro-carbonate de magnésie). On peut aussi sécher et calciner une petite portion du précipité; 1 partie de précipité magnésien calciné représente 2,05 de car-bonate de magnésie et 2,24 de magnésie blanche.

On peut opérer pour le carbonate de manganèse comme pour le carbonate de chaux, parce qu'il peut être lavé au contact de l'air sans éprouver d'altéra-tion. On décompose le sulfate ou le chlorure de man-ganèse par le carbonate de soude. Quant au carbonate de fer, comme il absorbe rapidement l'oxigène de l'air, et qu'après cette oxidation il ne peut plus se dissoudre dans l'acide carbonique, on le prépare au moment du besoin, en introduisant successivement dans les bouteilles une dissolution de sulfate de fer et une dissolution de carbonate de soude; on se hâte de remplir avec de l'eau gazeuse. La quantité tou-jours très minime de sulfate de soude que cette manœuvre introduit dans les eaux ne peut rien changer à l'effet médicinal. Pour avoir 1 partie de carbonate de fer, il faut employer 2,4 parties de sulfate de fer cristallisé et 2,5 parties de carbonate de soude également cristallisé.

Il est presque impossible d'éviter qu'une partie du carbonate de fer ne s'oxigène et ne refuse alors de se dissoudre; je regarde comme préférable de mettre dans les bouteilles la dissolution du sel de fer soluble et d'y introduire l'eau gazeuse chargée du carbonate de soude qui doit le décomposer. Mais je préfère bien plus encore introduire le fer à l'état d'un sel inaltérable; tel est le tartrate de potasse et de fer. Je reviendrai plus en détail sur cette question en traitant des eaux ferrugineuses.

Une fois les carbonates insolubles obtenus, on les délaie dans l'eau : s'ils sont en petite proportion , on les introduit dans les bouteilles, que l'on remplit ensuite d'eau gazeuse; mais quand ils doivent entrer dans l'eau minérale à une forte dose, on les délaie dans le tonneau même, l'on charge d'acide carbonique, et l'on agite de temps en temps. Comme on peut prolonger plus longtemps le contact de l'eau acidule et des carbonates, leur dissolution complète est plus assurée. Ici l'appareil de Genève a une supériorité marquée; il permet de fabriquer une plus grande quantité à la fois.

Lorsqu'une eau minérale a donné en même temps à l'analyse des sels solubles et des sels insolubles, si l'on peut, par un échange des bases et des acides, tout convertir en sels solubles, on ne manque pas de le faire pour rendre la préparation plus facile.

Ceci, pour les personnes peu exercées aux théories chimiques, demande une explication.

Les sels qui entrent dans la composition des eaux minérales sont tous formés par la combinaison d'un acide et d'une base, ou par la combinaison du chlore, de l'iode ou du brôme avec un métal. Il est une partie de ces sels qui sont solubles, il en est qui ne le sont pas. Dans la question qui nous occupe, le sulfate de chaux et les carbonates de chaux, de magnésie, de fer et de manganèse, sont seuls dans ce cas. On pourrait à la rigueur les préparer à part et les introduire dans l'eau ; mais il est beaucoup plus simple et plus prompt de les produire par double décomposition. Celle-ci est basée sur ce principe que, lorsqu'on mélange deux sels qui, en échangeant leurs bases et leurs acides, peuvent donner naissance à un précipité insoluble, la décomposition a toujours lieu. Voyons donc quelle est la composition des sels habituellement contenus dans les eaux minérales.

			Poids de l'équivalent.
Sulfate de soude.	Soude	39	
	Acide sulfurique	50,1	201,6
	Eau	112,5	
Sulfate de magnésie.	Magnésie	25,8	
	Acide sulfurique	50,1	154,6
	Eau	78,7	
Sulfate de chaux.	Chaux	35,6	85,7
	Acide sulfurique	50,1	
Sulfate de fer.	Protoxide de fer	43,9	
	Acide sulfurique	50,1	172,7
	Eau	78,7	
Carbonate de soude.	Soude	39	
	Acide carbonique	27,5	179
	Eau	112,5	
Bicarbonate de soude.	Soude	39	
	Acide carbonique	55	105,2
	Eau	11,2	
Carbonate de chaux.	Chaux	35,6	63,1
	Acide carbonique	27,5	

Carbonate de magnésie.	Magnésie Acide carbonique	25,8 27,5	53,3
Carbonate de fer.	Protoxide de fer Acide carbonique	43,9 27,5	71,4
Carbonate de manganèse.	Protoxide de manganèse Acide carbonique	44,6 27,5	72,1 (1)
Chlorure de sodium.	Sodium Chlore	29 44,2	73,2
Chlorure de calcium.	Calcium Chlore Eau	25,6 44,2 67,5	137,3
Chlorure de magnésium.	Magnésium Chlore Eau	15,8 44,2 67,5	127,5
Chlorure de fer	Fer Chlore	33,9 44,2	78,1
Chlorure de manganèse.	Manganèse Chlore	34,6 44,2	78,8
Brômure de potassium.	Potassium Brôme	49 97,8	146,8
Iodure de potassium.	Potassium Iode	49 158	207

Ce que nous avons appelé ici équivalents sont des nombres qui ont ce caractère, que lorsque l'on prend deux sels quelconques dans les proportions qu'ils indiquent (savoir, par exemple, 154,6 pour

(1) Il faut ajouter la magnésie blanche, ou hydrocarbonate de magnésie, qui est ainsi composée :

	Magnésie Acide carbonique Eau	103,2 82,5 45	230,7
L'oxide de fer	Fer Oxigène	33,9 10	43,9
L'oxide de manganèse	Manganèse Oxigène	34,6 10	44,6

le sulfate de magnésie, et 179 pour le carbonate de soude) les quantités des acides et des bases sont telles que si l'échange avait lieu il en résulterait justement un équivalent de carbonate de magnésie et un équivalent de sulfate de soude.

Or, quand on mélangera deux de ces sels dans les rapports des nombres qui représentent leurs équivalents, si de l'échange des bases et des acides il peut résulter un sel insoluble, la double décomposition aura lieu nécessairement. Par exemple, 172,7 de sulfate de fer dissous et 179 de carbonate de soude également en dissolution donneront 201,6 de sulfate de soude qui restera en dissolution, et 71,4 de carbonate de fer insoluble qui se précipitera.

Une analyse d'eau minérale étant donnée, on pourra souvent ainsi, par un échange entre des sels, arriver à remplacer dans la formule artificielle tous les sels insolubles, et à n'opérer que sur des sels en dissolution dans l'eau, ce qui rend l'opération plus facile, et ce qui, en définitive, revient au même, puisque, au moment du mélange, ces sels se décomposent mutuellement et forment réellement les sels insolubles et solubles, tels qu'ils existaient dans la formule primitive. J'en donnerai deux exemples avec détail.

L'eau de Saint-Nectaire contient, d'après l'analyse de M. Berthier :

Carbonate de soude..... 5,395 gram.
— de chaux......... 0,443

Carbonate de magnésie.... 0,241
Sulfate de soude.......... 0,352
Chlorure de sodium....... 2,436
Oxide de fer............. 0,014

Les carbonates de chaux et de magnésie sont tous deux insolubles; mais l'eau contient du sel marin et du sulfate de soude. On en profite pour faire un échange. Le carbonate de chaux et une partie du sel marin disparaissent et sont remplacés par des quantités correspondantes de carbonate de soude et de chlorure de calcium; le carbonate de magnésie et une quantité proportionnelle de sel marin sont changés pour du chlorure de magnésium et du carbonate de soude, de sorte que la nouvelle formule ne renferme que des sels solubles, qui lors de leur mélange reproduisent tous les sels de la formule primitive.

1° 0,443 grammes de carbonate de chaux doivent être remplacés; à cet effet, on retranche aussi de la formule une proportion correspondante de chlorure de sodium, et l'on remplace le tout par des proportions correspondantes de chlorure de calcium et de carbonate de soude, car ces deux derniers sels, qui sont solubles, produisent, lors de leur décomposition réciproque, du chlorure de sodium et du carbonate de chaux, de sorte que, prendre une proportion ou un équivalent de chlorure de calcium et de carbonate de soude, c'est la même chose que prendre un équivalent de carbonate de chaux et de chlorure de sodium. Ainsi,

<pre>
1 équivalent de carbonate de chaux...   63,1 gram.
1   —   sel marin................   73,2
</pre>

égalent

<pre>
1 équivalent de chlorure de calcium.. 137,3
1   —   carbonate de soude.........   179
</pre>

Donc

<pre>
Carbonate de chaux.....   0,443 gram.
Sel marin...............   0,514
</pre>

égalent

<pre>
Chlorure de calcium......   0,964
Carbonate de soude.......   1,256
</pre>

On remplacera donc dans la formule les 0,443 de carbonate de chaux, et les 0,514 de sel marin, par 0,964 de chlorure de calcium et 1,256 de carbonate de soude; lesquels, par leur mélange, reproduiront exactement le carbonate de chaux et le sel marin soustraits à la formule primitive.

2° 0,241 de carbonate de magnésie seront introduites par l'emploi du chlorure de magnésium et du carbonate de soude.

<pre>
1 équivalent carbonate de magnésie..   53,3 gram.
1   —   sel marin................   72,3
</pre>

égalent

    1 équivalent chlorure de magnésium . . 127,5

    1 —   carbonate de soude. . . . . 179.

Donc

        Carbonate de magnésie. . . . 0,241 gram.

        Sel marin. 0,331

égalent

        Chlorure de magnésium. . . 0,576

        Carbonate de soude. 0,809

On remplacera donc 0,241 grammes de carbonate de magnésie et 0,331 de sel marin par 0,576 de chlorure de magnésium et 0,809 de carbonate de soude.

Dans la formule de l'eau artificielle, les carbonates de chaux, de magnésie sont donc supprimés et sont remplacés par du chlorure de calcium et du chlorure de magnésium ; mais il faut alors supprimer la quantité correspondante des sels solubles de la formule primitive, et ajouter le carbonate de soude qui a été nécessaire pour les décompositions. Voici comment va se former la formule de l'eau artificielle.

Carbonate de chaux et de magnésie : supprimés.

Carbonate de soude.

Il a fallu en employer :

    Pour produire le carbonate de chaux . . . 1,256 gram.

    Pour produire le carbonate de magnésie. 0,809
                                            ———
                                            2,065

Auxquels il faut ajouter le carbonate de soude contenu naturellement dans l'eau, savoir. 5,395

    Total du carbonate de soude à employer. 7,460 gram.

                                                    12.

Chlorure de sodium. L'eau naturelle en contient 2,436 grammes, mais il s'en formera :

Par la réaction qui produit le carbonate
de chaux. . . . . 0,514 gram.
Par la réaction qui produit le carbonate
de magnésie 0,331
                                                   ____
                                                   0,845 gram.

Il faut diminuer d'autant le sel marin de la formule et le réduire à 2,436 — 0,845 = 1,591 gram.

La formule de l'eau de Saint-Nectaire se trouve ainsi être transformée :

Composition d'après l'analyse.

Carbonate de soude. 5,395
    —   de chaux. 0,443
    —   de magnésie 0,241
Sulfate de soude. 0,352
Chlorure de sodium. 2,436
Oxide de fer. 0,014

Formule pour l'eau artificielle.

Carbonate de soude. 7,460
Chlorure de sodium. 1,591
    —   de calcium. 0,964
    —   de magnésium. 0,576
Sulfate de soude. 0,352
Oxide de fer 0,014

Que l'on remarque bien que cette seconde formule contient exactement la même quantité de

chaque acide et de chaque base que la formule
donnée par l'analyse et que les sels trouvés par celle-
ci se reproduisent exactement par la réaction des sels
qui composent la formule artificielle , celle-ci n'ayant
pour effet que de délivrer l'opérateur de l'embarras
de faire à part chacun des carbonates insolubles que
l'eau doit contenir.

L'eau de Vichy va nous fournir un autre exemple.

L'eau de Vichy (source de la Grande-Grille) contient :

Carbonate de soude cristallisé....	13,592 gram.
— de chaux............	0,356
— de magnésie..........	0,085
— de fer..............	0,004
Sulfate de soude cristallisé......	1,061
Chlorure de sodium............	0,580
Eau............................	1000

Il s'agit de n'opérer qu'avec des sels solubles, et à
cet effet de remplacer les carbonates de chaux, de
magnésie et de fer. Le sulfate de soude et le sel
marin en donneront le moyen.

1° Remplacer 0,356 de carbonate de chaux par
des quantités équivalentes de chlorure de calcium et
de carbonate de soude, et retrancher une proportion
correspondante de sel marin.

1 équivalent carbonate de chaux.........	63,1
1 — de sel marin....	72,2

valent :

      1 équivalent de chlorure de calcium.... 137,3
      1   —   de carbonate de soude..... 179

Remplacer par conséquent

      Carbonate de chaux......... 0,356 gram.
      Sel marin................. 0,412

par

      Chlorure de calcium......... 0,775
      Carbonate de soude 1,009

2° Remplacer 0,085 de carbonate de magnésie; à cet effet supprimer en outre du sulfate de soude et employer les quantités correspondantes de sulfate de magnésie et de carbonate de soude.

      1 équivalent carbonate de magnésie.... 53,3 gram.
      1   —   de sulfate de soude....... 204,6

valent :

      1 équivalent de sulfate de magnésie.... 154,6 gram.
      1   —   de carbonate de soude..... 179

Remplacer par conséquent

      Carbonate de magnésie..... 0,085
      Sulfate de soude............ 0,321

par

      Sulfate de magnésie......... 0,246
      Carbonate de soude......... 0,285

On aura donc à supprimer de la formule primitive :

Le carbonate de chaux.

Le carbonate de magnésie.

Chlorure de sodium............... 0,412 gram.

Sulfate de soude.................. 0,321

et à ajouter :

Chlorure de calcium .... 0,775 gram.

Sulfate de magnésie............. 0,246

Carbonate de soude. 1,009+0,285=1,294

La formule devient :

Carbonate de soude............ 14,886 gram.

Sulfate de soude................ 0,740

   — de magnésie............ 0,246

Chlorure de calcium............ 0,775

   — de sodium............ 0,167

Tartrate de potasse et de fer... 0,009 (1)

Eau.... 1000,

Une formule d'eau artificielle ayant été établie sur ces principes, voici la manipulation qu'il faut suivre. Avec l'appareil de Genève, on fait des dissolutions séparées de tous les sels qui pourraient se décomposer mutuellement; on introduit toutes ces dissolutions dans le tonneau, et l'on charge d'acide carbonique. Les carbonates insolubles qui se reforment au moment du mélange des dissolutions sont redissous par le gaz carbonique. Avec l'appareil de Bra-

---

(1) Au lieu de carbonate de fer qui troublerait infailliblement l'eau minérale au bout de quelque temps, j'emploie de préférence une proportion correspondante de tartrate de potasse et de fer.

mah, on fait absorber par la pompe la liqueur trouble qui résulte du mélange des liqueurs salines. Dans l'un et l'autre système, on peut encore mettre dans les bouteilles la dissolution d'une partie des sels, tandis que les autres sont introduits dans le tonneau, suivant la méthode ordinaire. Le mélange des substances salines ne se fait alors que dans un liquide sursaturé d'acide carbonique, et il n'apparaît aucun précipité. Avec l'un et l'autre appareil, on peut encore faire des dissolutions concentrées et séparées de chaque genre de sels, les mélanger ensemble et partager le mélange trouble dans les bouteilles, que l'on remplit alors d'eau gazeuse simple. Toutes ces manipulations sont également bonnes; cependant l'introduction des matières dans le tonneau même mérite la préférence quand les carbonates terreux entrent en forte proportion dans la composition de l'eau minérale.

Il arrive que la composition des eaux ne permet pas de convertir tous les sels en sels solubles : si la proportion de principes qui manque est faible, on peut l'ajouter sans inconvénient. C'est ainsi que dans l'eau de Forges il manque du sulfate de soude ou du sel marin pour changer le carbonate de fer en un sel soluble; on introduit cependant le fer à l'état de sulfate, et l'on ajoute la quantité de carbonate de soude nécessaire pour le décomposer; il en résulte que l'eau renferme un peu de sulfate de soude qu'elle ne devrait pas contenir, mais en quantité si faible, que l'on peut facilement n'y pas faire attention.

Enfin, lorsque dans une eau minérale la proportion des sels insolubles est considérable, il faut les préparer par double décomposition. On les délaie dans la dissolution des sels solubles ou dans un peu d'eau, et l'on opère ainsi que nous l'avons dit précédemment. On peut consulter, comme exemple, la préparation de l'eau de Contrexeville.

Je dois faire remarquer que dans toutes les formules que je donnerai par la suite, la proportion des matières salines est calculée comme si l'on devait employer de l'eau pure. Mais on se sert toujours d'eau de rivière ou de source qui contient quelques matières salines en dissolution. Si la proportion en était considérable, il faudrait en tenir compte; mais le plus habituellement la proportion en est assez faible pour qu'on puisse tout-à-fait la négliger.

INTRODUCTION DE LA SILICE ET DES MATIÈRES ORGANIQUES DANS LES EAUX MINÉRALES.

On ne peut penser à introduire les matières organiques dans les eaux minérales, parce que nous ne savons pas les reproduire artificiellement.

Quant à la silice, il est assez difficile de la faire entrer dans les eaux; heureusement qu'il y a peu d'intérêt à le faire. Quand les eaux contiennent du carbonate de soude, on peut faire bouillir la silice gélatineuse dans la dissolution du carbonate : elle s'y dissout en proportion plus que suffisante ; mais cette dissolution de silice ne peut être introduite dans les eaux acidulées gazeuses, car la silice en est précipitée par l'acide carbonique ; de sorte que ce procédé n'est pas applicable aux eaux minérales les plus employées. En faisant bouillir de la silice gélatineuse avec de l'eau, j'ai trouvé les résultats suivants :

1 gram. carbonate de soude sec + 1 litre d'eau.

= Silice dissoute......... 0,62 gr.

1 gram. carbonate de soude sec + 4 onces d'eau.

= Silice dissoute .... 0,218 gr.

FORMULES POUR LA PRÉPARATION DES EAUX MINÉRALES ARTIFICIELLES LES PLUS EMPLOYÉES.

Nous diviserons en trois chapitres l'étude de la préparation des eaux minérales, en nous basant sur leur composition et sur les différences que cette composition entraîne dans le mode opératoire. Nous aurons à traiter successivement : 1º des eaux salines simples, qui consistent en de simples dissolutions de substances salines, et des eaux acidules gazeuses, qui contiennent le plus souvent des sels et toujours de l'acide carbonique libre ; 2º des eaux ferrugineuses, dans lesquelles le fer entre comme élément dans une proportion assez considérable; 3° des eaux sulfureuses, qui renferment des proportions plus ou moins grandes d'acide sulfhydrique ou de sulfures alcalins.

Dans les formules qui suivent, les proportions de matières salines ont été données en grammes et en fractions de grammes pour un litre d'eau, parce que cette manière de représenter les eaux minérales est plus commode pour le calcul lors de leur préparation. Mais j'ai donné en regard et alors en nombre rond la quantité de matières contenues dans une bouteille ordinaire d'eau minérale qui contient 625 grammes d'eau. Cette dernière disposition des formules est plus utile au médecin qui prescrit les eaux minérales par bouteilles.

EAUX ACIDULES ET EAUX SALINES.

§ I. Eaux salines non acidules qui s'obtiennent par simple dissolution des sels.

Eau de la Mer.

J'ai pris pour base de la composition de l'eau de la mer artificielle, l'analyse qui a été faite par M. Al. Marcet, en déterminant séparément les quantités de bases et d'acides, et les combinant de manière à former les sels les plus solubles.

<pre>
Chlorure de sodium. . . . .   28,00 gram.
Sulfate de soude cristallisé.   12,34
Chlorure de calcium cristallisé. . .   2,55
Chlorure de magnésium cristallisé.   10,37
Eau.   1000
</pre>

Cette analyse ne représente pas avec une grande exactitude la composition de l'eau de la mer ; mais elle donne un liquide qui a beaucoup d'analogie avec elle , et dont les propriétés médicinales doivent s'en rapprocher beaucoup , quand on l'emploie pour bains, comme on est dans l'habitude de le faire. Cette eau de la mer artificielle ne contient pas l'hydrochlorate d'ammoniaque, et les sels de potasse qui accompagnent la soude dans l'eau de la mer ; on n'y retrouve pas les carbonates de chaux et de magnésie qui existent dans l'eau naturelle à l'état de bicarbonate, et qui s'en précipitent par l'ébullition.

Les iodures et brômures probablement magnésiens de l'eau naturelle y manquent aussi ; enfin elle est dépourvue de la matière animale. On arrive à une imitation un peu plus fidèle, en remplaçant le sel marin purifié par le sel gris du commerce.

L'analyse chimique rapportée ci-dessus donne la formule pour un litre.

Pour un bain de 300 litres on emploiera :

<pre>
Pr. : Sel marin. . . . . 8 kil.   400 gram.
Sulfate de soude cristallisé. 3   702
Chlorure de calcium cristallisé. »   765
—　de magnésium cristallisé. 3   111
</pre>

On prépare à l'avance une poudre pour les bains de mer artificiels. Elle est ainsi composée pour 100 litres d'eau.

Pr. : Sulfate de soude effleuri........ ....   545 gram.
         Chlorure de calcium sec..........   130
         —   de magnésium cristallisé. 1037

On met le chlorure de magnésium dans une capsule, et l'on fait évaporer une partie de son eau de cristallisation, sans aller assez loin cependant pour dissiper de l'acide hydrochlorique; on ajoute les autres sels pulvérisés, et l'on renferme dans un flacon bien bouché. On peut, plus commodément, prendre tous les sels cristallisés, et les mettre ensemble dans un flacon. On porte ce mélange dans l'eau du bain, et l'on y ajoute 2 kilogrammes 800 grammes de sel gris.

Eau de Plombières.

L'eau de Plombières prise à la source du Crucifix contient d'après l'analyse de M. Henry :

Bicarbonate de chaux......   0,018 gram.
Bicarbonate de soude.......   0,188
Bicarbonate de fer.........   0,007
Sulfate de soude cristallisé..   0,016
Chlorure de sodium.......   0,015
Silice....................   0,056
Alumine et phosphates......   0,008
Matière organique..........   0,029
Eau.....................   1000

L'analyse de M. O. Henry a fait connaître que le dépôt blanc, mou et onctueux qui se fait dans les sources est un mélange de 30 silice, 61,5 alumine, 5,7 carbonate de chaux et 2,8 oxide de fer. C'est à ce dépôt qu'il faut attribuer en partie l'onctuosité de l'eau naturelle.

L'eau de Plombières est l'une de ces eaux minérales qui ne peuvent être employées avec avantage qu'à la source même. L'eau naturelle transportée ne tarde pas à se décomposer, parce que la matière organique réagit sur le sulfate qu'elle change en sulfure. D'un autre côté, on ne peut espérer d'imiter artificiellement la combinaison de matière organique et de soude, qui a l'odeur de la glu du gui, et qui se rencontre dans l'eau naturelle. L'eau naturelle contient aussi de la silice et de l'alumine qu'on ne peut introduire dans l'eau artificielle.

Dans l'imitation de l'eau de Plombières, il faut remplacer le carbonate de chaux et une quantité proportionnelle de sel marin par du chlorure de calcium et du carbonate de soude.

Pr. : Bicarbonate de soude............	0,210	gram.
Chlorure de calcium cristallisé....	0,028	
Sulfate de soude cristallisé.......	0,016	
Tartrate de potasse et de fer.....	0,011	
Eau pure.....................	1 litre.	

On fait une première dissolution du bicarbonate de soude, du sulfate de soude, et du sel de fer. On ajoute en dernier le chlorure de calcium. La liqueur se trouble à peine. L'eau de Plombières artificielle ne s'emploie guère que pour bains. Si on voulait l'employer en boisson, il faudrait la charger d'acide carbonique.

Eau de Balaruc.

Figuier a trouvé l'eau de Balaruc ainsi composée :

Acide carbonique...............	0,122 gram.
Chlorure de sodium............	7,457
— de magnésium cristallisé.	2,944
— de calcium cristalllisé...	1,801
Carbonate de chaux............	1,173
— de magnésie............	0,091
Sulfate de chaux	0,708
Eau...........................	1000

L'eau naturelle a une onctuosité due à une matière organique qui ne peut être reproduite dans l'eau artificielle. Il faut ajouter en outre un peu de brómure qui a été trouvé par Ballard.

On fabrique de l'eau de Balaruc pour boisson, qui est peu employée, et de l'eau pour bain, qui l'est davantage : elles ne diffèrent l'une de l'autre que par l'acide carbonique dont on charge la première.

Pour préparer l'eau artificielle, il faut supprimer le carbonate de chaux et une quantité proportionnelle de sel marin, savoir : 1,364, et les remplacer par 2,556 de chlorure de calcium cristallisé et 1,955 de bicarbonate de soude.

On supprime le carbonate de magnésie 0,091 et le sel marin correspondant 0,125. On les remplace par 0,217 de chlorure de magnésium, et 0,179 de bi-carbonate de soude.

On supprime le sulfate de chaux 0,708 et le sel marin correspondant 0,603. On les remplace par 1,135 de chlorure de calcium et 1,665 de sulfate de de soude.

Eau de Balaruc pour boisson.

Pr. : Chlorure de sodium.	5,365 gram.	3,4 gram.
— de calcium cristallisé. . .	5,492	3,6
— de magné-sium cristal-lisé.	3,161	1,8
Sulfate de soude cristallisé.	1,665	1,1
Bicarbonate de soude cristallisé.	2,134	1,3
Brômure de potas-sium	0,006	0,004
Eau gazeuse à 4 vol.	1 litre.	625.

On dissout à part les chlorures de calcium et de magnésium; on partage cette dissolution saline dans les bouteilles, et l'on remplit avec la dissolution des sels de soude et du brômure que l'on a chargée de trois volumes d'acide carbonique.

Quand on emploie l'eau de Balaruc pour bains,

on ne la charge pas d'acide carbonique. Le mélange
des sels ne précipite pas immédiatement. Le précipité commence à se faire un peu après le mélange,
et il augmente d'instants en instants.

§ II. Eaux acidules qui ne contiennent que des sels solubles.

La manipulation pour les eaux qui appartiennent
à cette série est des plus simples. On fait une dissolution des sels et on la charge d'acide carbonique. On
peut, si les sels sont en petite proportion, les introduire dans les bouteilles, sous forme de dissolution
concentrée et achever de remplir avec de l'eau
gazeuse simple.

Eau gazeuse simple.

Cette eau est d'un usage fréquent. On l'obtient en
chargeant de l'eau pure d'acide carbonique. Les
eaux les plus chargées du commerce ne contiennent
pas dans la bouteille plus de 4 volumes de gaz; il
n'en reste guère que 2 volumes dans le verre quand
l'eau a été versée. On emploie l'eau gazeuse simple
quand on ne recherche que l'action stimulante propre
au gaz carbonique.

C'est cette eau gazeuse simple qu'on livre journel-
lement pour la table sous le nom d'eau de Seltz.

Eau alcaline gazeuse.

Pr. : Bicarbonate de potasse.. 7 gram.   4,4 gram.
      Eau gazeuse à 5 vol.... 1 litre.   625

100 grammes de liquide contiennent 7 décigrammes de bicarbonate alcalin. Cette eau est employée surtout pour dissoudre les graviers d'acide urique dans les reins ou la vessie.

Limonade gazeuse.

La limonade gazeuse est une boison fort agréable et très rafraîchissante. Voici une excellente formule :

1° Pr. : Zestes d'oranges frais......   n° 12
         Alcool de bon goût à 33°....   1 litre.

Faites macérer pendant une huitaine de jours.

2° Pr. : Acide citrique.............   1 partie.
         Eau......................   1 partie.

Faites dissoudre.

3° Pr. : Teinture d'oranges........   20 centilitres.
         Solution d'acide citrique....   20 centilitres.
         Sirop de sucre...........   10 litres.

Faites dissoudre l'acide citrique dans un peu d'eau ; ajoutez-le au sirop ainsi que la teinture.

4° Pr. : Sirop d'oranges ci-dessus... 150 grammes.
         Eau gazeuse.............   1 bouteille.

On peut mettre le sirop dans les bouteilles et remplir avec de l'eau gazeuse ou charger de gaz le mélange d'eau et de sirop. Le robinet à boucher sur place est à peu près indispensable pour la préparation de la limonade gazeuse, à cause de la viscosité que le sucre donne à la liqueur.

Les fabricants ont le soin de préparer la limonade gazeuse, au fur et à mesure des besoins, car elle se conserve mal.

Quand les limonades gazeuses doivent être conservées longtemps, lorsque, par exemple, elles deviennent l'objet d'expéditions lointaines, elles ont besoin d'être mutées pour se conserver ; on y parvient en introduisant dans chaque bouteille, avant de les remplir d'eau, une dissolution contenant 1 grain de sulfite de soude. Elles peuvent alors être gardées indéfiniment, et au bout de quelque temps surtout, la saveur propre au sulfite a complétement disparu.

On prépare de même des limonades avec les sirops de groseilles, framboises, vinaigre, grenades, etc.

Eau de Sedlitz.

L'eau de Sedlitz artificielle dont on fait usage est une imitation grossière de l'eau naturelle ; elle lui est cependant préférable, parce que la forte quantité de gaz carbonique dont elle est chargée la rend moins désagréable pour les malades, et permet à l'estomac de la supporter plus facilement sans vomir. Suivant la dose de sulfate de magnésie, on distingue l'eau de Sedlitz en eau à 2 gros (8 grammes), à 4 gros (16 grammes), à 6 gros (24 grammes), à 1 once (32 grammes).

Le Codex donne la formule suivante :

Pr. : Sulfate de magnésie cristallisé. 13 gram.   8 gram.
    Eau pure.................... 1 litre. 625
    Acide carbonique .... 4 litres. 4 vol.

L'usage a consacré l'emploi de cette formule ; et comme l'eau de Sedlitz est toujours employée comme purgative, une représentation plus exacte de l'eau naturelle serait sans objet.

On prépare assez souvent l'eau de Sedlitz par le procédé suivant. On fait dissoudre à froid dans chaque bouteille d'eau 6 grammes de bicarbonate de soude et 20 grammes de sulfate de magnésie ; la bouteille étant pleine presque jusqu'au goulot, on y verse 3 grammes et demi d'acide sulfurique étendu de son poids d'eau et l'on bouche promptement. L'acide carbonique est mis en liberté ; l'eau contient 11,5 de sulfate de soude qui viennent remplacer une partie du sulfate de magnésie.

L'eau ainsi préparée a une saveur moins désagréable que celle que l'on prépare avec le sulfate de magnésie seul.

Poudre de Sedlitz des Anglais.

Pr. : Acide tartrique.. .... 32 gram.

    Bicarbonate de soude 32

    Tartrate de potasse et de soude. 96

On pulvérise l'acide et on le divise en 12 paquets dans du papier blanc.

On pulvérise les deux sels, on les mélange et on les partage en 12 parties égales, que l'on renferme dans du papier bleu.

Pour l'emploi, on fait dissoudre 1 paquet d'acide dans un verre d'eau ; on ajoute le sel, on agite et on boit promptement pendant que l'effervescence a lieu.

Soda Water.

Pr. : Bicarbonate de soude. 1,6 gram.   1,1 gram.

    Eau gazeuse à cinq vol.   1 litre.   625

Cette eau est employée comme moyen de faciliter les digestions.

Soda Powders.

(Poudre gazifère simple.)

Pr. : Acide tartrique pulvérisé. 16 gram.

    Bicarbonate de soude... 24

On divise l'acide tartrique en 12 parties égales que l'on enveloppe dans du papier blanc.

D'autre part, on partage le bicarbonate de soude en 12 parties, que l'on enveloppe dans du papier bleu.

On dissout un paquet de la poudre acide dans un grand verre que l'on a rempli d'eau seulement au tiers. On ajoute un paquet de poudre alcaline, l'on agite et l'on boit de suite.

Cette liqueur est acidule au goût, bien que le bicarbonate soit en excès par rapport à l'acide tartrique; c'est que le sel alcalin n'est pas complétement dissous au moment où l'on avale cette boisson, et qu'en outre, celle-ci est imprégnée de gaz acide carbonique.

§ III. Eaux acidules salines que l'on prépare avec des sels insolubles.

Eau magnésienne gazeuse.

Pr. :	Magnésie blanche.	6 gram.	4 gram.
	Eau pure	1 litre.	625
	Acide carbonique.	6	6 vol.

Il faut employer la magnésie encore humide, vu qu'elle se dissout moins bien après qu'elle a été séchée; à cet effet, on précipite du sulfate de magnésie à l'ébullition par un excès de carbonate de soude, on recueille le précipité, on le lave avec soin et on le fait égoutter sur une toile; on prend un certain poids de ce précipité, on le sèche, on le calcine et on le pèse de nouveau. Le produit est de la magnésie pure, dont une partie en poids représente deux parties et un quart de magnésie blanche supposée à l'état sec. On délaie le précipité magnésien dans l'eau, l'on charge d'acide carbonique, et, après vingt-quatre heures de contact, on met en bouteilles. L'appareil de Genève est plus convenable pour cette préparation que celui de Bramah, parce qu'il faut laisser séjourner le carbonate de magnésie avec l'eau chargée d'acide carbonique pour assurer sa dissolution, et que l'appareil de Genève permet d'opérer à la fois sur de plus grandes quantités.

Il faut 16 grammes de sulfate de magnésie cristallisé pour produire 6 grammes de magnésie blanche. Au lieu de faire sécher et de peser le précipité magnésien pour en établir la proportion, on peut simplement décomposer cette quantité de sulfate de magnésie à l'ébullition par le carbonate de potasse ou le carbonate de soude, soutenir l'ébullition jusqu'à ce qu'il ne se dégage plus de gaz carbonique, laver le précipité et le dissoudre par l'acide carbonique ainsi qu'il a été dit.

Eau magnésienne saturée.

Pr. : Magnésie blanche..	12 gram.	8 gram.
Eau pure........	1 litre.	625
Acide carbonique..	6	6 vol.

On opère comme pour l'eau magnésienne gazeuse.

14

Il reste peu d'acide carbonique en excès. On pourrait se servir de la magnésie blanche du commerce ; mais il arrive alors que quelques portions de matière ne se dissolvent pas. Si au lieu de peser la magnésie blanche, on calcule sa quantité d'après celle du sulfate, on trouve qu'il faut employer pour chaque litre 32 grammes de sulfate de magnésie cristallisé que l'on décompose ainsi que nous l'avons dit par le carbonate de soude.

On fait de l'eau magnésienne plus chargée que la précédente ; on introduit dans chaque bouteille 16 grammes, et jusqu'à 24 grammes de carbonate de magnésie. Il faut augmenter à proportion la dose d'acide carbonique.

§ IV. Eaux acidules salines dans lesquelles les sels insolubles sont préparés par la double décomposition de sels solubles.

Eau de Baden.

(Duché de Bade.)

L'eau de Baden contient, d'après l'analyse de Kastner :

Chlorure de sodium.............	3,040 gram.
— de magnésium cristallisé...	0,200
— de calcium cristallisé......	0,500
Sulfate de chaux...............	0,476
Carbonate de fer...............	0,015
Eau...........................	1000.

Cette eau de Baden ne peut être imitée que très imparfaitement ; elle a une température de 68° ; elle a une odeur et une saveur de bouillon dues à une matière organique qui se sépare et prend une couleur verte au contact de l'air.

Dans la formule de l'eau artificielle on supprime le sulfate de chaux et une quantité proportionnelle de sel marin, savoir : 0,407. On remplace ces deux sels par 0,763 de chlorure de calcium cristallisé, et 1,120 de sulfate de soude.

Pr. : Sel marin.........	2,633 gram.	1,80 gram.
Chlorure de magné-sium cristallisé..	0,200	0,133
Chlorure de calcium cristallisé.	1,263	0,852
Sulfate de soude cris-tallisé..........	1,120	0,74
Tartrate de potasse et de fer........	0,034	0,022
Eau gazeuse à 5 vol.	1 litre.	625

On fait une dissolution du sel marin, du sulfate de soude et du tartrate de fer ; puis une autre dissolution concentrée avec les chlorures terreux et le chlorure de fer. On charge la première liqueur d'eau gazeuse, et l'on en remplit les bouteilles où l'on a mis à l'avance la dissolution des chlorures terreux.

Eau de Bourbonne.

L'eau de Bourbonne, d'après l'analyse de MM. Chevallier et Bastien, contient :

Bromure de potassium....... 0,050 gram.
Chlorure de sodium......... 6,051
   — de calcium cristallisé... 1,355
Carbonate de chaux.......... 0,289
Sulfate de chaux............ 0,789
Eau....................... 1000

Il y a dans l'eau de Bourbonne une matière bitumineuse et glaireuse qu'il est impossible de reproduire. Elle ne contient pas d'acide carbonique ; on est dans l'usage d'en introduire dans l'eau artificielle.

Le carbonate de chaux insoluble doit être supprimé, ainsi que la quantité correspondante de sel marin, savoir : 0,335. On remplace ces deux sels par 0,630 de chlorure calcique, et 0,819 de carbonate sodique qui les reproduisent.

Le sulfate de chaux et une autre quantité de sel marin (0,674) sont remplacés par 1,856 de sulfate de soude et 1,265 de chlorure calcique.

La formule de l'eau artificielle devient la suivante :

Pr. : Brômure de potassium...........	0,05 gram.	0,035 gram.
Chlorure de sodium.	5,042	3,5
— de calcium cristallisé.......	3,250	2,2
Sulfate de soude cristallisé.......	1,856	1,2
Bicarbonate de soude cristallisé.......	0,819	0,54
Eau.............	1 litre.	625.
Acide carbonique..	5 vol.	3 vol.

On fait une première dissolution de tous les sels, en réservant le chlorure de calcium ; on dissout ce dernier sel à part, et on le mélange à sa première solution ; on charge de gaz. On peut, si l'on veut, mettre la solution de chlorure de calcium dans les bouteilles que l'on remplit avec la première dissolution saline que l'on a chargée de gaz acide carbonique.

Eau de Carlsbad.

D'après l'analyse de M. Berzélius, l'eau de Carlsbad contient :

Sulfate de soude cristallisé...	5,885	gram.
Carbonate de soude cristallisé.	2,338	
Chlorure de sodium.	1,043	
Carbonate de chaux	0,309	
— de magnésie.	0,178	
— de fer	0,006	
— de manganèse.	traces	
— de strontiane.	0,0009	
Fluorure calcique.	0,003	
Phosphate de chaux.	0,0002	
— d'alumine.	0,0003	
Silice.	0,075	
Eau.	1000	

L'eau de Carlsbad a une odeur de bouillon due à une matière organique qu'il est impossible de reproduire.

Pour établir la formule de l'eau artificielle, on supprime le carbonate de chaux et une quantité proportionnelle de sel marin 0,359. On les remplace par 0,673 de chlorure calcique et 0,876 de carbonate de soude.

On supprime le carbonate de magnésie et une proportion correspondante de sulfate de soude (0,673). On les remplace par 0,516 de sulfate de magnésie et 0,596 de carbonate de soude. La formule devient :

Pr. : Sulfate de soude		
cristallisé.	5,212 gram.	3,5 gram.
Sulfate de magnésie		
cristallisé.	0,516	0,34
Carbonate de soude		
cristallisé.	3,810	540
Chlorure de so-dium.	0,684	0,450
Chlorure de cal-cium cristallisé. .	0,673	0,450
Tartrate de potasse et de fer.	0,013	0,008
Eau gazeuse.	1000	625

On dissout les deux sulfates , le carbonate de soude et le sel de fer ; on fait une dissolution à part de chlorure de calcium. On mélange les liqueurs et l'on charge d'acide carbonique.

Eau de Saint-Nectaire.

L'eau de Saint-Nectaire contient , outre l'acide carbonique , d'après l'analyse de M. Berthier :

Carbonate de soude cristallisé. 5,395 gram.
— de chaux.............. 0,443
— de magnésie.......... 0,241
— de fer................ 0,022
Sulfate de soude cristallisé.... 0,352
Chlorure de sodium......... 2,436
Silice...................... 0,100

On supprime le carbonate de chaux et la quantité proportionnelle de sel marin , 0,514. On les remplace par 0,964 de chlorure calcique et 1,250 de carbonate de soude.

On supprime le carbonate de magnésie et 0,331 de sel marin qui lui correspondent , et l'on ajoute 0,576 de chlorure magnésique et 0,809 de carbonate de soude. La formule devient :

Pr. : Carbonate de soude
      cristallisé......... 7,460 gram. 5 gram.
Sel marin............ 1,591 1
Sulfate de soude cris-
      tallisé............. 0,352 0,234
Chlorure de calcium
      cristallisé. 0,964 0,62
Chlorure de magné-
      sium cristallisé.... 0,576 0,4
Tartrate de potasse et
      de fer............. 0,050 0,03
Eau gazeuse........ 1 litre. 625

On fait une dissolution des sels de soude et du tartrate de fer ; on dissout d'autre part les chlorures terreux. On mélange les liqueurs et l'on charge de gaz carbonique.

Eau de Pullna.

M. Barruel, qui a analysé l'eau de Pullna, lui a trouvé la composition suivante :

Carbonate de chaux...............	0,010 gram.
— magnésie............	0,575
— fer..............	0,001
Chlorure de sodium..............	3,199
— magnésium cristallisé .	1,877
Sulfate de chaux cristallisé........	1,262
— soude cristallisé.........	23,346
— magnésie cristallisé.....	35,789
Matière muqueuse.......	0,436
Eau............................	1000

Pour obtenir la formule artificielle, il faut remplacer le carbonate de chaux, le carbonate de magnésie et le sulfate de chaux par des sels solubles.

0,010 de carbonate de chaux et 0,011 de sel marin sont retranchés et remplacés par 0,021 de chlorure calcique et 0,028 de carbonate de soude.

0,575 de carbonate de magnésie et 2,174 de sulfate de soude sont remplacés par 1,667 de sulfate de magnésie et 1,931 de carbonate de soude.

1,262 de sulfate de chaux et 1,079 de sel marin sont remplacés par 2,968 de sulfate de soude et 2,024 de chlorure de calcium.

On peut négliger complétement le fer et même on en pourrait faire autant des deux carbonates de chaux et de magnésie.

Pr. : Sulfate de soude cristallisé.	24,140 gram.	16 gram.
— magnésie cristallisé..........	37,456	25
Carbonate de soude cristallisé................	1,959	0,65
Chlorure de calcium cristallisé.................	2,024	1,2
Chlorure de magnésium cristallisé.	1,877	1,2
Chlorure de sodium........	2,109	1,4
Eau gazeuse à 5 vol......	1 litre.	625

Chaque bouteille de 625 grammes contient 41 grammes des sulfates de soude et de magnésie.

Eau de Seltz.

Si l'on veut avoir une eau de Seltz artificielle, qui ressemble à l'eau de Seltz naturelle, il faut consulter les analyses qui ont été faites de celle-ci ; or, ces analyses ne s'accordent pas entre elles : les quantités de sels trouvées dans un litre d'eau varient, suivant les observateurs, de 3 à 5 grammes. Ces différences proviennent bien certainement des variations que l'eau de Seltz naturelle éprouve elle-même dans la proportion de ses sels. M. Caventou a trouvé 3,66 gr. par litre, dans de l'eau prise au dépôt, à Paris ; dans

ces derniers temps je n'ai trouvé que 3,0 grammes;
M. Henry a trouvé 4 grammes.

Voici l'analyse donnée par M. Henry :

Acide carbonique............	2,740 gram.
Bicarbonate de soude........	0,999
— chaux.........	0,551
— magnésie.....	0,209
— strontiane....	traces
— fer...........	0,030
Chlorure de sodium..........	2,040
— potassium......	0,001
Bromure alcalin.............	traces
Sulfate de soude anhydre.....	1,150
Phosphate de soude.........	0,040
Silice et alumine............	0,050
Matières organiques......... Crénate de chaux et de soude. }	traces
Eau.......................	993,190

1,000

L'eau de Seltz artificielle est devenue une sorte de
boisson habituelle dans laquelle ni le brômure, ni
le fer, ne figurent habituellement. En conséquence,
je rapporterai seulement la formule du Codex; elle
donne un produit dont la saveur ne diffère pas sensiblement de celle de l'eau naturelle.

Pr. : Chlorure de calcium cristall.	0,5 gram.	0,33 gram.
— magnésium cris- tallisé........	0,40	0,27
Carbonate de soude cristalli.	2,0	1,20

Sel marin....................	1,6	1,1
Sulfate de soude cristallisé.	0,08	0,05
Phosphate de soude cristalli.	0,1	0,07
Eau gazeuse à cinq vol....	1 litre.	625

On fait dissoudre les sels de soude dans l'eau ; d'autre part, on fait dissoudre également dans l'eau les chlorures de calcium et de magnésium ; on mélange les deux liqueurs et l'on charge d'acide carbonique.

Des fabricants suppriment même tout-à-fait les sels ; et une partie de la prétendue eau de Seltz du commerce n'est que de l'eau ordinaire, chargée d'acide carbonique.

Poudre de Seltz.

Pr. : Acide tartrique pulvérisé........... 22 gram.
      Bicarbonate de soude pulvérisé...... 24

On divise l'acide tartrique en 12 paquets égaux que l'on fait avec du papier blanc. On divise également le bicarbonate de soude en 12 paquets que l'on fait avec du papier bleu.

On dissout l'acide tartrique dans un grand verre, au tiers plein d'eau ; on ajoute le bicarbonate de soude ; l'on agite et l'on boit pendant que l'effervescence se fait.

On fait une liqueur qui se rapproche de l'eau de Seltz en introduisant dans une bouteille de 625 grammes, pleine d'eau, **8** grammes de bicarbonate de soude, et 10 grammes d'acide citrique cristallisé, et bouchant de suite. La liqueur contient du citrate de soude, qui a peu de saveur.

Cette prétendue eau de Seltz n'a d'autre ressemblance avec l'eau de Seltz, que d'être mousseuse. Quoiqu'un peu laxative, elle peut convenir aux gens bien portants qui ne demandent à l'eau gazeuse que de les désaltérer ; les estomacs malades se trouveraient fort mal de son emploi.

Eau de Vichy.

M. Longchamps a fait l'analyse de la source de la Grande-Grille qui est celle que les buveurs boivent habituellement à Vichy. Il a trouvé :

Carbonate de soude cristallisé..	13,592 gram.
— de chaux.............	0,356
— de magnésie..........	0,085
— de fer...............	0,004
Sulfate de soude cristallisé.....	1'061
Chlorure de sodium..........	0,580
Eau.........................	1000.

Il y a en outre dans l'eau de Vichy une matière organique et du bitume qui concourent à ses effets.

Prenant pour base l'analyse de M. Longchamps, on retranche le carbonate de chaux et une proportion correspondante de sel marin, savoir : 0,413. On les remplace par 0,775 de chlorure de calcium et 1,009 de carbonate de soude.

Le carbonate de magnésie est supprimé ainsi que 0,321 de sulfate de soude qui lui correspondent. On les remplace par 0,246 de sulfate de magnésie, et 0,285 de carbonate de soude. La formule de l'eau artificielle est alors :

Pr. :		
Carbonate de soude cristallisé.	14,886 gram.	10 gram.
Chlorure de sodium.	0,167	0,1
— calcium cristallisé. . . .	0,775	0,5
Sulfate de soude cris-tallisé	0,740	0,5
Sulfate de magnésie cristallisé	0,246	0,16
Tartrate de potasse et de fer.	0,009	0,006
Eau.	1 litre.	625
Acide carbonique . .	5 litres.	5 vol.

On dissout dans l'eau les sels de soude et le sel de fer ; on ajoute la dissolution du sulfate de magnésie, puis celle du chlorure de calcium ; on charge d'acide carbonique et l'on reçoit cette eau saline gazeuse dans des bouteilles.

Le carbonate de soude absorbe plus d'un litre de gaz carbonique pour passer à l'état de bicarbonate ; il faut en tenir compte quand on charge l'appareil.

On peut, si l'on veut, remplacer ce sel par du bicarbonate de soude qui n'a pas le même inconvénient. La dose est de 8,748 grammes au lieu de 14,885.

§ V. Eaux minérales acidules dans lesquelles les sels insolubles ou une partie des sels insolubles sont introduits directement.

Les eaux de cette classe contiennent des sels insolubles et ne contiennent pas en même temps des sels solubles qui puissent servir à faire un échange ; force est donc d'agir directement sur les sels insolubles.

Eau de Contrexeville.

L'analyse la plus récente que nous possédions de l'eau de Contrexeville est celle de M. Collard de Martigny. Il faut, toutefois, y ajouter le fer dont elle ne fait pas mention. Il y a, dans l'eau de Contrexeville, beaucoup de sels insolubles que l'on est forcé d'y introduire en nature. Le carbonate de fer y est remplacé par du tartrate de potasse et du fer.

Pr. : Sulfate de chaux cristallisé. 1,37 gram. 0,88 gram.
—   magnésie cristal-
                 lisé.. 0,43   0,30
Carbonate de chaux....... 0,806   0,50

Carbonate de magnésie....	0,017 gram.	0,010 gr.
Chlorure de calcium cristal-		
lisé......................	0,074	0,05
Chlorure de magnésium cris-		
tallisé.................	0,025	0,016
Tartrate de potasse et de fer.	0,030	0,020
Eau.....................	1 litre.	625
Acide carbonique.........	5 litres.	5 vol.

On emploie les carbonates calcaire et magnésien récemment précipités ; on les délaie avec soin, ainsi que le sulfate de chaux, dans la dissolution des autres sels ; on charge d'acide carbonique et l'on reçoit dans des bouteilles.

L'opération réussit plus certainement quand on opère dans le tonneau de Genève ; la dissolution des carbonates insolubles est plus assurée.

Eau de Pougues.

D'après l'analyse de M. Henry, l'eau de Pougues est composée de :

Carbonate de chaux..............	0,926 gram.
— magnésie...........	0,577
— fer................	0,029
— soude cristallisé.....	0,835
Sulfate de soude cristallisé........	0,614
— chaux.................	0,190
Chlorure de magnésium cristallisé.	0,746
Silice et alumine................	0,035

Phosphate de chaux et d'alumine. .   traces
Matière organique.   0,030
Eau. 1000

Les carbonates terreux sont en trop forte proportion pour que l'on puisse, par un échange réciproque, les transformer en sels solubles ; on les prépare de toutes pièces.

1° On prend :

Chlorure de calcium cristallisé. .   2,2 gram.
Carbonate de soude cristallisé. . .   S. q. environ 3,22

On dissout séparément les deux sels ; on les précipite à froid l'un par l'autre et on lave le précipité de carbonate de chaux qui en résulte.

2° On prend d'autre part :

Sulfate de magnésie cristallisé. . .   1,67 gram.
Carbonate de soude cristallisé. . .   S. q. environ 20

On dissout le sulfate de magnésie dans l'eau bouillante et l'on ajoute le carbonate de soude à l'ébullition. On lave le précipité magnésien.

3° Tout le sulfate de chaux est remplacé en supprimant une quantité correspondante de chlorure de magnésium 0,282, et en remplaçant ces deux sels par 0,343 de sulfate de magnésie et 0,304 de chlorure de calcium.

Pr. : Carbonate de chaux précipité. . . la totalité   0,6 gr.
Carbonate de magnésie précipité. la totalité   0,4

Sulfate de magnésie............	0,343 gr.	0,22 gr.
— soude cristallisé......	0,614	0,4
Carbonate de soude cristallisé...	0,835	0,56
Chlorure de magnésium cristallisé	0,464	0,24
— calcium cristallisé...	0,304	0,20
Tartratre de potasse et de fer...	0,065	0,04
Eau...... 1000		

On dissout tous les sels solubles, on délaie dans la solution les deux carbonates insolubles, et l'on charge d'acide carbonique.

Eau de Seidschutz.

M. Berzélius a trouvé dans l'eau de Seidschutz :

Sulfate de potasse..............	0,533 gram.
— soude cristallisé.......	13,840
— chaux cristallisé......	1,660
— magnésie cristallisé....	22,367
Nitrate de magnésie cristallisé....	5,655
Chlorure de magnésium cristallisé.	0,600
Crénate de magnésie...........	0,139
Carbonate de magnésie.........	0,649
Brôme, iode, fluor.............	traces.

En comptant comme carbonate le crénate de magnésie, la totalité de carbonate de magnésie est 0,788. On peut le remplacer en supprimant une quantité proportionnelle de sulfate de soude 2,980, et en ajoutant à la place 2,285 de sulfate de magnésie et 2,646 de carbonate de soude

15.

La formule de l'eau artificielle devient :

Pr. : Sulfate de potasse............... 0,5ß3 0,36 gr.
— de soude cristallisé...... 10,860 7,2
— de chaux............... 1,660 0,11
— de magnésie cristallisé... 24,652 16,
Carbonate de soude cristallisé... 2,646 1,72
Nitrate de magnésie cristallisé... 5,655 3,60
Chlorure de magnésium cristallisé 0,600 0,40

On dissout tous les sels solubles, on délaie dans la solution le sulfate de chaux et l'on charge d'acide carbonique.

EAUX FERRUGINEUSES.

Les eaux ferrugineuses doivent être préparées avec de l'eau bien privée d'air ; à cet effet on fait bouillir l'eau pendant quelque temps et on la laisse refroidir à l'abri du contact de l'air. Autrement l'oxigène ferait passer le fer à l'état de peroxide, et il se précipiterait sous la forme de flocons rougeâtres. Le fer agit aussi sur la matière tannante des bouchons, et finit par s'y précipiter en un composé insoluble ; aussi s'aperçoit-on que les bouchons noircissent. Pour éviter que cet effet ne se produise, on se sert de bouchons que l'on a fait tremper longtemps en vases clos dans une dissolution de protosulfate de fer ; par ce moyen, toutes les parties du liége qui peuvent agir sur le fer épuisent leur action ; on retire les bouchons, on les lave et on les fait tremper dans de l'eau pure que l'on renouvelle à plusieurs reprises pour enlever tout le sel de fer soluble qui avait pu rester adhérent.

Malgré toutes les précautions que l'on peut prendre, on voit bientôt des flocons de peroxide de fer se former et troubler la transparence des eaux.

Il faut se rappeler que les eaux ferrugineuses contiennent le fer à l'état de sulfate, de crénate ou de carbonate. Pour les premiers il ne peut exister aucune indécision ; c'est le protosulfate de fer bien pur qui doit être employé avec de l'eau non aérée.

Quand les eaux contiennent le fer à l'état de crénate, M. Henry conseille, pour les imiter, de traiter de la terre franche par de l'eau distillée bouillante, de concentrer les liqueurs et d'en verser dans des solutions du carbonate acidule ou du sulfate de fer ; il se fait un précipité soluble dans l'acide carbonique. Mais comme cette préparation n'est pas sans difficultés et qu'elle ne contient pas réellement le crénate de fer, je trouve plus simple et tout aussi avantageux de remplacer le crénate de fer par le tartrate double de potasse et de fer.

Quant à l'introduction du carbonate de fer dans les eaux ferrugineuses artificielles, on peut le faire par le procédé de double décomposition que j'ai fait connaître pag. 130. Mais je dois dire que je n'ai jamais pu obtenir par ce moyen des eaux qui ne se troublassent pas peu de temps après leur préparation.

Aussi je regarde comme une grande amélioration de remplacer le carbonate de fer par le tartrate double qui a les mêmes propriétés, et dont les solutions ne laissent pas précipiter du peroxide de fer.

Ce sel se prépare en faisant digérer à une douce chaleur du peroxide de fer avec de la crème de tartre; on filtre la dissolution et on l'évapore en consistance de sirop; on l'étale alors en couches minces sur des assiettes que l'on porte à l'étuve. Le sel se détache en écailles d'un rouge brun transparentes et facilement solubles dans l'eau.

Le tartrate de potasse et de fer (tartrate ferrico-potassique) est composé de :

1 proportion de peroxide de fer... 97,8	30,29
1 — potasse.......... 59	18,26
2 — acide tartrique.... 166,1	51,45
322,9	100

1 de fer métallique est reproduit par. 4,77	de tartrate
1 de protoxide de fer............ 3,67	double.
1 de peroxide de fer............. 3,3	
1 de carbonate de fer............ 2,26	

La quantité de fer ou d'un de ses composés trouvée par l'analyse dans une eau minérale étant connue, il faut multiplier cette quantité par un des quatre nombres 4,77, 3,67, 3,3 ou 2,26 pour avoir la quantité de tartrate ferrico-potassique correspondante. Ainsi, un litre d'eau de Vichy contient 0,004 de carbonate de fer; 0,004 multiplié par 2,66 ou 0,009 est la quantité de tartrate de potasse et de fer correspondante. Un litre d'eau de Saint-Nectaire a donné 0,014 de peroxide de fer ; il faudra le remplacer par une quantité de tartrate double égale à 0,014 multipliés par 3,3, savoir 0,036.

§ I. Eaux ferrugineuses qui résultent d'une simple dissolution des sels.

Eau Chalybée.

Pr. : Sulfate de fer cristallisé.....   0,025 à 0,05 gram.
     Eau privée d'air par l'ébul-
       lition..   625

Faites dissoudre et conservez dans une bouteille bien bouchée.

On prépare une eau qui a une saveur ferrugineuse prononcée, et que l'on emploie sous le nom d'EAU FERRÉE en versant de l'eau bouillante sur des clous rouillés et laissant refroidir. Quand on fait boire au malade cette eau encore trouble, on lui donne une proportion assez considérable d'oxide de fer ; mais si l'eau ferrée a été filtrée, elle en contient fort peu.

§ II. Eaux ferrugineuses acidules.

Eau de Bussang.

Barruel a trouvé dans l'eau de Bussang :

Chlorure de sodium..........	0,080 gram.
Sulfate de soude cristallisé....	0,275
Carbonate de soude cristallisé..	1,647
— magnésie.......	0,180
— chaux..........	0,361
— fer.............	0,016
Silice.......................	0,056
Eau.......................	1000

On supprime le carbonate de chaux et la quantité proportionnelle de sel marin 0,419 ; on emploie à leur place 0,786 de chlorure de calcium et 1,204 de carbonate de soude.

On retranche le carbonate de magnésie et le sulfate de soude correspondant, savoir : 0,680 ; on ajoute à la place 0,522 de sulfate de magnésie et 0,604 de carbonate de soude.

Le carbonate de fer est remplacé par le tartrate double.

On retranche réellement plus de sel marin et de sulfate de soude que n'en contient la formule primitive. Il en résulte que l'eau est un peu plus chargée de ces sels qu'elle ne le devrait, ce qui est sans importance.

Pr. : Carbonate de soude cristallisé.   3,455 gr. 2,40 gr.
     Chlorure de calcium..........   0,786   0,50
     Sulfate de magnésie..........   0,522   0,35
     Tartrate de potasse et de fer...   0,036   0,024
     Eau gazeuse.................. 1000   625

On dissout tous les sels dans l'eau ; on charge d'acide carbonique.

Eau ferrugineuse acidule.

Pr. : Tartrate de potasse et de
       fer...............   0,08 gram.   0,05 gram.
       Eau privée d'air.......   1 litre.   625
       Acide carbonique......   5 litres.   5 vol.

On fait dissoudre le sulfate de fer dans l'eau ; on introduit la dissolution dans une bouteille, et l'on remplit avec de l'eau gazeuse qui a été préparée avec de l'eau privée d'air.

Eau de Forges.

Robert a trouvé dans l'eau de la source royale de Forges :

     Carbonate de chaux..............   0,041 gram.
        —   fer..............   0,027
     Chlorure de sodium..............   0,048
     Sulfate de chaux cristallisé........   0,034
       —   magnésie cristallisé.....   0,100
     Chlorure de magnésium cristallisé.   9,014
     Silice.......................   0,004
     Eau....................... 1000

Le carbonate de chaux et le chlorure de sodium sont supprimés tous les deux , ils se trouvent précisément dans le rapport du poids de leurs équivalents. On les remplace par 0,089 de chlorure de calcium et 0,116 de carbonate sodique.

La formule artificielle est celle-ci :

Pr. : Chlorure de calcium cristallisé... 0,089 gr. 0,06 g.
—   de magnésium cristallisé 0,014   0,01
Sulfate de chaux cristallisé.. 0,034   0,02
—   de magnésie cristallisé.... 0,100   0,06
Carbonate de soude cristallisé.... 0,116   0,08
Tartrate de potasse et de fer..... 0,061   0,04

On dissout tous les sels dans l'eau ; on délaie dans la solution le sulfate de chaux , et l'on charge d'acide carbonique.

Eau du Mont-Dore.

M. Berthier a trouvé dans l'eau de la source de César au Mont-Dore :

Carbonate de soude cristallisé... 1,227 gram.
—   de chaux.......... 0,160
—   de magnésie........ 0,060
Sulfate de soude cristallisé..... 0,149
Chlorure de sodium.......... 0,380
Silice..................... 0,210
Carbonate de fer........... . 0,014
Eau...................... 1000

On supprime le carbonate de chaux et le sel marin correspondant, savoir : 0,186. On les remplace
par 0,348 de chlorure de calcium et 0,453 de carbonate de soude.

On supprime le sulfate de magnésie et le sel marin
qui lui correspond, savoir : 0,082. On les remplace
par du chlorure de magnésium 0,143 et du carbonate
de soude 0,200.

La formule est alors :

Pr. : Carbonate de soude cristallisé.... 1,880 gr. 1,20 gr.
      Sulfate de soude cristalisé..... 0,149   0,10
      Chlorure de sodium 0,112   [illegible]
         —   de calcium cristallisé [illegible] [illegible]
         —   de magnésium cristallisé 0,143   0,10
      Tartrate de potasse et de fer..... 0,051   0,02
      Eau........................... 1 litre. 625,00

On dissout tous les sels dans l'eau, et l'on charge
d'acide carbonique.

Eau de Provins.

Vauquelin et Thénard ont analysé l'eau de Provins; ils lui ont trouvé la composition suivante :

        Carbonate de chaux......   0,552 gram.
           —   de magnésie...   0,022
        Chlorure de sodium......   0,042
           —   de calcium......   traces
        Carbonate de manganèse..   0,027
           —   de fer.........   0,111

Silice.................... 0,025
Matière grasse............ traces
Eau..................... 1000

Pour fabriquer artificiellement l'eau de Provins

1° On retranche le carbonate de magnésie et une portion du sel marin, savoir : 0,030. On les remplace par 0,052 de chlorure de magnésinm et 0,074 de carbonate de soude.

2° On supprime le carbonate de manganèse et une autre portion correspondante de sel marin, savoir : 0,027. On emploie en échange 0,029 de chlorure de manganèse et 0,067 de carbonate sodique.

3° On remplace le carbonate de fer par le tartrate double.

4° On décompose 1,20 de chlorure de calcium par 1,6 de carbonate de soude, on lave le précipité calcaire.

La formule est alors :

Pr. : Carbonate de chaux........ la totalité 0,35 gr.
    —   de soude cristallisé 0,131 gr. 0,8
Chlorure de magnésium cris-
        tallisé........ 0,052 0,034
    —   de manganèse 0,030 0,020
Tartrate de potasse et de fer. 0,250 0,16
Eau gazeuse............... 1 litre 625

On dissout tous les sels solubles, on délaie dans la solution le carbonate de chaux et l'on charge d'acide carbonique.

Eau de Pyrmont.

L'analyse de la source de Trinckquelle faite par Brandes et Krueger a donné :

Carbonate de chaux............	0,950 gram.
— de fer...............	0,143
— de magnésie..........	0,040
— de manganèse........	0,003
— de soude cristallisé....	1,854
Chlorure de sodium...........	0,060
— de magnésium cristallisé	0,403
Sulfate de soude cristallisé......	0,968
Hydrosulfate de soude..........	0,012
Phosphate de potasse...........	0,176
Sulfate de chaux cristallisé......	1,511
— de magnésie cristallisé....	1,972
Silice.......................	0,018
Résine......................	0,020
Eau.........................	1000

On remplace le carbonate de manganèse et sa proportion correspondante de sel marin, savoir : 0,003 par 0,003 de chlorure de manganèse et 0,007 de carbonate de soude.

On supprime le carbonate de magnésie et 0,151 de sulfate de soude ; on les remplace par 0,116 de sulfate de magnésie et 0,134 de carbonate de soude.

On prépare du carbonate de chaux humide en précipitant 2,067 de chlorure calcique par 2,69 de carbonate de soude.

Le carbonate de fer est remplacé par le tartrate double.

Pr. : Carbonate de chaux........	la totalité	0,60 gram.
— de soude cristallisé	1,995	1,20
Sulfate de soude cristallisé..	0,817	0,55
— de chaux...........	1,511	1,00
— de magnésie cristallisé	2,088	1,30
Tartrate de potasse et de fer.	0,32	0,20
Sel marin................	0,057	0,04
Chlorure de magnésium crist.	0,403	0,26
— de manganèse.....	0,003	0,002
Eau....................	1 litre.	625
Acide carbonique.........	5 litres.	5 vol.

On dissout d'une part les sels de soude et le sel de fer. On dissout d'autre part les sels de magnésie et le chlorure de manganèse. On mélange les dissolutions, on y délaie le sulfate et le carbonate de chaux et l'on charge d'acide carbonique.

A cause de la forte proportion de carbonate de chaux qui est contenue dans l'eau de Pyrmont, l'opération réussit mieux par le procédé de Genève.-

Eau de Spa.

L'analyse de l'eau de Spa (source le Pouhon) faite par Monheim a donné la composition suivante :

Chlorure de sodium........	0,043 gram.
Carbonate de soude cristallisé.	0,125

Carbonate de chaux.........	0,048
— de magnésie	0,020
— de fer..	0,057
Silice......................	0,048
Carbonate d'alumine........	0,002
Eau......................	1000

On décompose à froid 1,04 de chlorure calcique par 1,40 de carbonate de soude; on lave le précipité calcaire.

On décompose à l'ébullition 0,05 de chlorure de magnésium cristallisé par 0,07 de carbonate de soude; on lave le précipité magnésium.

On introduit l'alumine à l'état d'alun, et l'on ajoute la quantité de carbonate de soude nécessaire pour précipiter la terre alumineuse. Il faut pour cela introduire dans l'eau artificielle quelques traces de sulfate, que l'eau naturelle ne contient pas, ce qui est sans importance.

Alors :

Pr. : Carbonate de chaux......... la totalité	0,038 gr.
— de magnésie...... la totalité	0,012
— de soude cristallisé 0,414 gr.	0,30
Alun cristallisé........... 0,010	0,006
Chlorure de sodium........ 0,013	0,008
Tartrate de potasse et de fer. 0,128	0,082
Eau gazeuse.... .... 1 litre.	625

On délaie le carbonate de chaux et le carbonate de magnésie dans la dissolution du carbonate de soude; on ajoute le sel de fer et l'alun, qui ont été dissous séparément ; on charge d'acide carbonique l'eau contenant les matières salines.

Eau de Vals.

M. Berthier a trouvé dans l'eau de Vals (source de la Marquise) :

Carbonate de soude cristallisé....	14,064 gram.
— de chaux.............	0,082
— de magnésie..........	0,127
— de fer..............	0,024
Chlorure de sodium............	0,162
Sulfate de soude cristallisé......	1,120
Silice.......................	0,117
Eau......................... 1000	

Pour composer l'eau de Vals artificielle :

On retranche le carbonate de chaux et le sel marin et on les remplace par 0,396 de chlorure de calcium et 0,516 de carbonate de soude. Cet échange introduit dans l'eau 0,149 de sel marin de plus que n'en contient l'eau naturelle, ce qui est sans importance.

On décompose à chaud 0,368 de sulfate de magnésie par 0,426 de carbonate de soude ; on lave et l'on conserve à part le précipité magnésien. On prend :

Carbonate de magnésie......	la totalité	0,127 gr.
— de soude cristallisé.	15,	10,

Sulfate de soude cristallisé...	0,121	0,08 gr.
Chlorure de calcium cristallisé	0,396	0,26
Tartrate de potasse et de fer..	0,054	0,036
Eau gazeuse................	1000	

On dissout d'une part le sulfate et le carbonate de soude; on dissout d'autre part le chlorure de calcium et le sel de fer. On mélange les dissolutions, on y délaie le carbonate de magnésie et l'on charge d'acide carbonique.

Eau de Passy.

L'analyse de M. Henry donne directement la formule de l'eau artificielle de Passy, seulement on supprime la silice et la glairine et l'on augmente la quantité d'acide carbonique.

Pr. : Sulfate de chaux cristalli.	1,95 gram.	1,3 gram.
— magnésie crist.	0,401	0,26
— soude cristallis.	0,637	0,42
— alumine......	0,110	0,08
— fer cristallisé..	0,148	0,10
Chlorure de sodium.....	0,260	0,18
— magnésium cris.	0,170	0,11
Eau privée d'air........	1000	625
Gaz carbonique.........	5000	5 vol.

On dissout tous les sels; on délaie dans la dissolution le sulfate de chaux et l'on charge d'acide carbonique.

L'eau de Passy ne contient que peu d'acide carbonique ; l'eau artificielle est acidule et plus agréable. On peut sans inconvénient retrancher le sulfate de chaux.

EAUX SULFUREUSES.

Les eaux sulfureuses contiennent de l'acide sulfhydrique (hydrogène sulfuré) ou des sulfures alcalins (hydrosulfates), ou en même temps de l'acide sulfhydrique et des sulfures.

Quand une eau minérale contient à la fois des sels et de l'acide hydrosulfurique, on fait une dissolution des sels dans l'eau, et d'une autre part on prépare une dissolution saturée d'hydrogène sulfuré, en faisant traverser pendant longtemps de l'eau par un courant de ce gaz. On n'arrête l'opération que lorsqu'on s'aperçoit que depuis longtemps déjà l'eau cesse d'en dissoudre. Cette eau hydrosulfurée saturée contient 2 fois son volume de gaz. On part de cette donnée pour calculer la quantité qui doit entrer dans chaque bouteille d'eau minérale ; on introduit cette eau dans les bouteilles, et on achève de remplir avec la dissolution que les sels fixes ont fournie. Une condition essentielle de succès dans la préparation de ces eaux, de même que pour toutes les autres espèces d'eaux sulfureuses, est de se servir d'eau privée d'air ; on se la procure en soumettant l'eau qui doit être employée à une ébullition un peu prolongée, et en la laissant refroidir dans des vases fermés. L'oxi-

gène de l'air aurait pour effet de brûler l'hydrogène
du gaz hépatique et de déterminer un dépôt de soufre, en même temps que l'eau perdrait une partie de
ses propriétés.

Le sulfure de sodium (sulfhydrate de soude) est
le seul sulfure qui ait, jusqu'à présent, été introduit
dans les eaux. On l'obtient en faisant passer un courant d'hydrogène sulfuré dans une dissolution concentrée de soude caustique.

Ce sel est ainsi composé :

Sulfure de sodium..	1 pp.	32,71
Eau...............	9 pp.	67,29
		100

Comme il est extrêmement soluble, on l'introduit
dans les eaux minérales sans difficultés.

L'introduction simultanée de l'hydrosulfate de
soude et de l'hydrogène sulfuré dans les eaux minérales se fait de la même manière que si chacun de
ces corps devait y entrer séparément.

Quand une eau minérale contient en même temps
de l'acide carbonique et de l'hydrogène sulfuré, il
faut préparer de l'eau gazeuse et saline à la manière
ordinaire, mais avec de l'eau privée d'air. On en
remplit des bouteilles, en ayant soin de laisser un
espace vide pour recevoir la dissolution concentrée
d'hydrogène sulfuré. Au moment où l'on enlève la
bouteille du robinet, on y ajoute vivement l'eau hy-

drosulfurée, et l'on bouche de suite. On perd ainsi moins de gaz hépatique que si l'on mettait d'abord dans les bouteilles l'eau qui est chargée de ce gaz, parce que le courant d'acide carbonique qui se dégage continuellement entraînerait avec lui une assez forte proportion d'hydrogène sulfuré.

§ I. Eaux sulfureuses contenant le soufre à l'état d'hydrogène sulfuré.

Eau de Leamington.

Bien que l'eau sulfureuse de Leamington soit peu employée, j'ai donné ici sa formule comme un exemple d'une eau contenant seulement des sels solubles et de l'hydrogène sulfuré, sans acide carbonique et sans sulfure.

Pr. : Sel marin..............	6,29 gram.	4 gram.
Chlorure de calcium cristallisé.........	2,91	1,8
— de magnésium crist.	2,29	1,4
Sulfate de soude cristallisé.	0,88	0,53
Eau pure	0,875 lit.	547
Eau hydrosulfurée simple.	0,125	78

On dissout les sels dans de l'eau qui a été portée à l'ébullition pour expulser l'air, et qui a été refroidie en vases clos ; on filtre la dissolution et on l'introduit dans les bouteilles que l'on ne remplit qu'aux

9/10 ; on ajoute l'eau hydrosulfurée, et l'on bouche promptement et exactement.

Chaque litre d'eau contient le quart de son volume d'hydrogène sulfuré.

Eau de Naples.

Pr. :			
Carbonate de soude cristallisé	1,6 gram.	1 gram.
Carbonate de magnésie.....	0,88	0,58
Eau gazeuse à quatre vol...	0,875 lit.	547
Eau hydrosulfurée..........	0,125	78

On prépare une eau acidule à la manière ordinaire ; mais, au lieu d'en remplir entièrement les bouteilles, on réserve l'espace nécessaire pour recevoir l'eau hydrosulfurée ; on introduit rapidement celle-ci, et on bouche avec promptitude.

§ II. Eaux sulfureuses contenant le soufre à l'état de sulfure alcalin.

Eau de Barèges.

La composition de l'eau de Barèges, ainsi que celles des autres sources sulfureuses des Pyrénées, est trop mal connue pour que l'on puisse espérer de les imiter artificiellement. Les chimistes qui se sont occupés le plus récemment de l'analyse de ces sources, s'accordent à regarder le principe hépatique comme étant le sulfure de sodium ou hydrosulfate de soude. Ce sel est associé à de la soude; mais tandis que M. Anglada et M. Orfila pensent qu'elle est combinée à l'acide carbonique, M. Longchamp et M. Fontan croient qu'elle s'y trouve à l'état de silicate. Suivant M. Fontan encore, le principe sulfureux ne serait pas le sulfure de sodium simple, mais le sulfhydrate de sulfure de sodium, c'est-à-dire la combinaison du sulfure de sodium avec le sulfure d'hydrogène ou hydrogène sulfuré.

A l'incertitude que laisse ce premier désaccord entre les chimistes, s'ajoute l'incertitude où nous sommes sur l'état de la chaux que l'on retrouve dans le résidu de l'évaporation, et que les réactifs n'accusent pas dans l'eau de ces sources. Mais ce qui rendra toujours imparfaite l'imitation des eaux sulfureuses des Pyrénées, c'est l'impossibilité où nous sommes de reproduire artificiellement la matière glaireuse qui s'y trouve; nos eaux artificielles ne possèdent nullement le caractère d'onctuosité si remarquable dans ces eaux naturelles.

Cependant les formules d'eaux minérales sulfureuses artificielles, si elles ne représentent que grossièrement les eaux naturelles, fournissent cependant des médicaments utiles, et que l'on doit être d'autant plus heureux de posséder, que les eaux naturelles des Pyrénées transportées dans les dépôts ne tardent pas à s'y altérer et à y perdre toutes leurs propriétés médicinales. Il y a longtemps que M. Anglada a proposé de prendre pour toutes les eaux des Pyrénées une formule moyenne commune. Cette opinion a été adoptée par le Codex qui a donné la formule suivante :

Pr. : Sulfure de sodium cristallisé... 0,216 gr. 0,135 gr.
Carbonate de soude cristallisé.. 0,216 0,135
Chlorure de sodium.......... 0,216 0,135
Eau privée d'air............ 1 litre. 625

Faites dissoudre et conservez dans des bouteilles bien bouchées.

Si l'opinion de M. Fontan était admise, il faudrait diminuer de moitié la proportion du sulfure de sodium et ajouter une quantité d'eau hydrosulfurée capable de transformer le sulfure de sodium en sulfure double d'hydrogène et de sodium, ou bihydrosulfate de soude.

Comme ces eaux des Pyrénées ne contiennent pas toutes la même quantité de sulfure, je joins ici un tableau qui permettra de varier la proportion de ce sel, suivant que l'on voudra imiter plus spécialement l'eau de l'une ou l'autre source. Le sulfure de sodium est indiqué à l'état anhydre. Il faudra multiplier par 3,05 le nombre qui le représente pour avoir la dose correspondante de sulfure cristallisé.

Tableau de la quantité de sulfure de sodium que MM. ANGLADA, LONGCHAMP et FONTAN ont trouvée dans 44 sources.

ÉTABLISSEMENTS THERMAUX.	SOURCES.	QUANTITÉ de sulfure DE SODIUM.
		gr.
Bagnères-de-Luchon.	Grotte inférieure.	0,0868
Ibid.	Richard.	0,0720
Ibid.	Grotte supérieure.	0,0717
Ibid.	La Reine.	0,0631
Barèges.	Grande-Douche.	0,0498
Bagnères-de-Luchon.	Reine nouvelle.	0,0455
Bagnères-de-Bigorre.	Labasfère.	0,0455
Barèges.	Buvette.	0,0421
Ibid.	Bain de l'Entrée.	0,0393
Cauterets.	Bruzaud.	0,0385
Bagnères-de-Luchon.	Source forte Soulerat.	0,0564
Cauterets.	Espagnols.	0,0334
Ibid.	César.	0,0305
Ibid.	Pause.	0,0305
Barèges.	Bain du Fond.	0,0270
Ibid.	Polard.	0,0270
Saint-Sauveur.	Saint-Sauveur.	0,0255
Eaux-Bonnes.	Buvette.	0,0251
Ibid.	La Douche.	0,0251
Barèges.	Source tempérée.	0,0245
Vernet.	Vernet.	0,0195
Cauterets.	La Raillière.	0,0194
Ibid.	Le Pré.	0,0159
Ax.	Bain du Breil.	0,0152
Moligt.	Moligt.	0,0148
Cauterets.	Le Bois.	0,0140
Arles.	Arles.	0,0138
Ax.	Les Canons.	0,0152
Cauterets.	Maouhourat.	0,0124
Ibid.	Petit Saint-Sauveur.	0,0121
Escaldas.	Escaldas.	0,0115
Ax.	Pyramide du Teich.	0,0109
Arles.	Manjolet.	0,0106
Eaux-Chaudes.	L'Esquirette.	0,0090
Ibid.	L'Arressecq.	0,0090
Vinça.	Vinça	0,0087
Eaux-Chaudes.	Baudot.	0,0086
Ibid.	Le Clot.	0,0063
Ibid.	Le Rey.	0,0063
Ax.	Couloubret (bain fort au robinet).	0,0051
La Preste.	La Preste.	0,0042
Bagnères-de-Luchon.	Source blanche.	0,0025
Ibid.	Source faible Soulerat.	0,0012
Eaux-Chaudes.	Mainville.	0,0007

Les eaux des Pyrénées, mais surtout l'eau de Barèges, sont souvent ordonnées en bain. La formule est la même que celle de l'eau artificielle; mais il est plus commode de faire une solution concentrée de tous les sels que l'on mélange avec l'eau de la baignoire au moment de prendre le bain. On prend:

Sulfure de sodium cristallisé...	64 gram.
Carbonate de soude cristallisé..	64
Chlorure de sodium..........	64
Eau pure...................	320

On fait dissoudre les sels dans l'eau et l'on renferme promptement la solution dans une bouteille qui doit en être entièrement remplie et que l'on bouche avec soin. Elle sert pour un bain ordinaire de 300 litres.

Ce sont MM. Anglada et Boudet qui ont proposé l'emploi de cette solution pour remplacer les bains d'eau sulfureuse naturelle. Pendant longtemps on a employé à tort sous le nom de bain de Barèges le sulfure de potassium sulfuré que l'on prépare en faisant réagir le soufre sur la potasse; mais on obtient par là un bain qui a peu d'analogie avec les eaux sulfureuses naturelles. C'est un médicament différent; il a aussi son genre d'utilité, qu'il doit, soit à l'excès d'alcali qu'il contient, soit au sulfure plus sulfuré qui le constitue.

§ III. Eaux sulfureuses sulfurées.

Eau de Sylvanès.

Bérard et Coulet ont trouvé dans un litre d'eau de Sylvanès :

Acide carbonique....	0,200 litre.
— hydrosulfurique	0,050
Carbonate de fer.....	0,040 gram.
— de chaux...	0,125
— de magnésie	0,230
— de soude...	0,005
Sulfate de soude.....	0,037
Chlorure de sodium..	0,253

Dans la formule de l'eau artificielle, pour transformer les carbonates insolubles en sels solubles, j'ai été obligé d'augmenter un peu la proportion du sel marin, ce qui est sans inconvénients.

Pr. : Chlorure de calcium cristallisé.	0,283 gr.	0,176 gr.
— de magnésium cristallisé.	0,590	0,390
Carbonate de soude cristallisé..	1,320	0,825
Tartrate de potasse et de fer...	0,09	0,06
Eau gazeuse à trois vol.......	0,940 l.	585
Eau hydrosulfurée..........	0,060	40

On dissout à part le sulfate de fer et les chlorures terreux ; on divise la liqueur dans les bouteilles, et l'on y ajoute le carbonate de soude que l'on a fait dissoudre dans une petite quantité d'eau ; on remplit les bouteilles avec de l'eau gazeuse, en réservant la place nécessaire à l'eau hydrosulfurée ; on ajoute celle-ci et l'on bouche promptement les bouteilles.

FIN.

TABLE DES MATIÈRES.

FIN DE LA TABLE DES MATIÈRES.